Cédric Lémery

Convection et couche limite thermique

Cédric Lémery

Convection et couche limite thermique

lien entre la convection du manteau terrestre et la dynamique de la lithosphère

Presses Académiques Francophones

Impressum / Mentions légales
Bibliografische Information der Deutschen Nationalbibliothek: Die Deutsche Nationalbibliothek verzeichnet diese Publikation in der Deutschen Nationalbibliografie; detaillierte bibliografische Daten sind im Internet über http://dnb.d-nb.de abrufbar.
Alle in diesem Buch genannten Marken und Produktnamen unterliegen warenzeichen-, marken- oder patentrechtlichem Schutz bzw. sind Warenzeichen oder eingetragene Warenzeichen der jeweiligen Inhaber. Die Wiedergabe von Marken, Produktnamen, Gebrauchsnamen, Handelsnamen, Warenbezeichnungen u.s.w. in diesem Werk berechtigt auch ohne besondere Kennzeichnung nicht zu der Annahme, dass solche Namen im Sinne der Warenzeichen- und Markenschutzgesetzgebung als frei zu betrachten wären und daher von jedermann benutzt werden dürften.

Information bibliographique publiée par la Deutsche Nationalbibliothek: La Deutsche Nationalbibliothek inscrit cette publication à la Deutsche Nationalbibliografie; des données bibliographiques détaillées sont disponibles sur internet à l'adresse http://dnb.d-nb.de.
Toutes marques et noms de produits mentionnés dans ce livre demeurent sous la protection des marques, des marques déposées et des brevets, et sont des marques ou des marques déposées de leurs détenteurs respectifs. L'utilisation des marques, noms de produits, noms communs, noms commerciaux, descriptions de produits, etc, même sans qu'ils soient mentionnés de façon particulière dans ce livre ne signifie en aucune façon que ces noms peuvent être utilisés sans restriction à l'égard de la législation pour la protection des marques et des marques déposées et pourraient donc être utilisés par quiconque.

Coverbild / Photo de couverture: www.ingimage.com

Verlag / Editeur:
Presses Académiques Francophones
ist ein Imprint der / est une marque déposée de
OmniScriptum GmbH & Co. KG
Heinrich-Böcking-Str. 6-8, 66121 Saarbrücken, Deutschland / Allemagne
Email: info@presses-academiques.com

Herstellung: siehe letzte Seite /
Impression: voir la dernière page
ISBN: 978-3-8381-4658-4

Zugl. / Agréé par: Lyon, Ecole Normale Supérieure, 2001

Copyright / Droit d'auteur © 2014 OmniScriptum GmbH & Co. KG
Alle Rechte vorbehalten. / Tous droits réservés. Saarbrücken 2014

Table des matières

Introduction	**6**
1 Le refroidissement de la Terre	**13**
1.1 Introduction	13
1.2 Modélisation du refroidissement terrestre	13
1.2.1 Les observables	13
1.2.2 Modélisation	16
1.3 Sources de chaleur interne	18
1.3.1 radioactivité	18
1.3.2 Contraction thermique et capacité calorifique	19
1.3.3 D'autres sources de chaleur ?	23
1.4 Flux de chaleur en surface pour un système convectif	25
1.4.1 Analyse en terme de couche limite thermique	25
1.4.2 Confrontation à l'expérience	27
1.5 Résolution numérique	28
1.6 Un modèle incluant l'histoire de la Terre primitive.	31
1.6.1 La formation de la Terre et les modes de convection initiaux	31
1.6.2 Modèle en couche limite de l'évacuation de la chaleur par advection	32
1.6.3 Un modèle thermique global de la Terre	38
Références	41
2 Convection et couche limite thermique	**45**
2.1 La convection de Rayleigh-Bénard	45
2.1.1 Mécanisme fondamental	45
2.1.2 Modèle simplifié et analyse en terme de modes normaux	46
2.2 L'équilibre mécanique de la lithosphère	51
2.2.1 Les plaques lithosphériques et la convection mantellique	51
2.2.2 La lithosphère comme une couche limite thermique	52
2.3 La convection de Bénard-Marangoni	57
2.3.1 Mécanismes mis en jeu dans la convection de Bénard-Marangoni	58
2.3.2 Stabilité marginale	58
2.3.3 Cas où les nombres de Prandtl et de Marangoni sont infinis	61
2.3.4 lien formel avec la convection de Rayleigh-Bénard à grand nombre de Rayleigh	63
2.4 Un modèle 2D de la convection 3D de Rayleigh-Bénard	64
A model for the emergence of thermal plumes in Rayleigh-Bénard convection at infinite Prandtl number	66
1. Introduction	66
2. A 2D model of 3D Rayleigh-Bénard convection	67
3. Stability analysis	73
4. The closure relationship	75
5. Finite time singularities	79
6. Developed convection	81
7. Conclusion	88

2.5 Caractérisation des solutions numériques 89
    2.5.1 Physionomie de la convection à une dimension 89
    2.5.2 Cas à deux dimensions 91
2.6 Stabilisation par une hétérogénéité chimique. 101
    2.6.1 Description 101
    2.6.2 Résultats numériques 101
2.7 Conclusion 104
Références 107

3 Un modèle de compaction et d'endommagement   111
3.1 Comment la convection s'organise-t-elle en plaque ? 111
    3.1.1 Le rôle des hétérogénéités de viscosité 112
    3.1.2 Quelles rhéologies pour les modèles de convection numériques ? ... 114
3.2 Ecoulement de fluides bi-phasiques 116
    3.2.1 Description de la dynamique d'une matrice poreuse 116
    3.2.2 Equations du mouvement 117
Void-Matrix variation 123
    1. Introduction 123
    2. Basic theory 123
    3. The 1-D formulation 125
    4. conclusion 134
3.3 Discussion et comparaison avec le modèle d'écoulement bi-phasique 135
3.4 Conclusions 136
Références 137

Conclusion   139

Annexes   140

A L'instabilité de Rayleigh-Taylor   141
A.1 Généralités de la modélisation 141
A.2 Modélisation en couche mince et résolution traditionnelle 142

B Lien avec les méthodes de plaques minces visqueuses   145
B.1 La dynamique de la lithosphère comme une plaque mince visqueuse 145
B.2 lien avec le modèle de description de la convection 146

Table des figures

1.1	Flux de chaleur terrestre	14
1.2	Décomposition de flux de chaleur	15
1.3	Profil de température terrestre historique	16
1.4	Variation possible du profil de température	17
1.5	Profils synthétiques de densité, pression et gravité dans le manteau terrestre	22
1.6	Profil synthétique de densité intégrant les continents et la D"	23
1.7	Production de croûte continentale et Production de chaleur associée	24
1.8	Influence du mode de chauffage sur le profil de température moyen	27
1.9	Température moyenne dans le manteau	30
1.10	Modèle standard d'évolution de la température du manteau	32
1.11	Modèle de température intégrant l'histoire de la formation des continents	33
1.12	Historique du flux de chaleur et de la production radiogénique	34
1.13	Modélisation de la convection sur Io	35
1.14	Schéma du modèle de convection/Advection	36
1.15	Evolution de la température dans le modèle de convection/Advection	37
1.16	Scénario décrivant l'histoire de la Terre depuis sa formation	39
2.1	Processus entrant en jeu dans la convection de Rayleigh-Bénard	46
2.2	Dissipation visqueuse dans la convection de Rayleigh-Bénard	48
2.3	Rayleigh au seuil en fonction du nombre d'onde	49
2.4	Convection de Rayleigh-Bénard expérimentale	50
2.5	Influence du nombre de Rayleigh sur l'épaisseur de la couche limite	51
2.6	Bilan des forces s'appliquant sur les plaques lithosphériques	52
2.7	La poussée de ride	54
2.8	topographie et flux thermique autour des rides océaniques	55
2.9	Principe de la convection de Marangoni	58
2.10	Stabilité marginale de la convection de Bénard-Marangoni	60
2.11	Modélisation bi-dimensionnelle de la convection de Bénard-Marangoni tri-dimensionnelle	62
2.12	Expérience de convection de Bénard-Marangoni	63
2.13	Milieu semi-infini refroidi par au-dessus	65
A model for the emergence of thermal plumes		66
1	Typical evolution of the averaged moment	73
2	Marginal stability	74
3	Time variation of the fluctuation	75
4	Examples of 1D closure relationship	78
5	Universal shape of the 1D singularity	80
6	Time behavior of the instability near the singularity	81
7	Growth and dynamics of 1D instabilities	82
8	Positions of line instabilities	83
9	2D snapshot with constant viscosity	85
10	Time evolution of the Rayleigh-Nusselt relation	87
11	Influence of the maximum moment on the Rayleigh-Nusselt relation	87
2.14	Influence des conditions initiales sur l'évolution temporelle du moment	89

2.15 Evolution temporelle de la position de singularités 90
2.16 Distance inter-singularité moyenne 91
2.17 Influence de σ sur la distance inter-singularité 92
2.18 Représentation de la convection 93
2.19 Convection de Rayleigh-Bénard à viscosité uniforme 94
2.20 Convection de Rayleigh-Bénard à viscosité uniforme, CI aléatoire 95
2.21 Convection de Rayleigh-Bénard pour $\sigma = 1$ 96
2.22 Convection de Rayleigh-Bénard pour $\sigma = 1$, CI aléatoire. 97
2.23 Convection de Rayleigh-Bénard pour $\sigma = 0.1$ 98
2.24 Convection de Rayleigh-Bénard pour $\sigma = 10$ 99
2.25 Convection de Rayleigh-Bénard pour $\sigma = 10$, CI aléatoire 100
2.26 Modélisation avec une croûte 101
2.27 Evolution de la croûte et de la lithosphère 102
2.28 Influence de la croûte sur les singularités 103
2.29 Dynamique des moments thermiques et chimiques 104
2.30 Interaction entre panaches avec croûte 105
2.31 Simulation à 2 dimensions 106

3.1 la tectonique des plaques 112
3.2 Divergence et vorticité du champ de vitesse terrestre 113
3.3 Différents types de rhéologie 115
3.4 Volume de contrôle caractéristique 117
3.5 Gradient des forces surfaciques 119

Void-Matrix variation 123
1 Solution of the damage equation 128
2 Evolution of the porosity under normal stresses 129
3 Evolution of the porosity under normal stress 130
4 Evolution of the porosity under normal stresses and critical Shear stress 131
5 Evolution of the porosity under normal stresses and a high shear stress 132
6 Evolution of the porosity with fixed boundary 132
7 Evolution of the porosity with fixed boundary and with a slight shear stress 133
8 Evolution of the porosity with fixed boundary and with a strong shear stress 133
9 Random initial conditions of the porosity 134

Liste des tableaux

1.1	Eléments radioactifs contribuant à l'apport d'énergie radiogénique	18
1.2	Taux de production de chaleur radiogénique	19
1.3	Production de chaleur paramétrée	29
1.4	Flux de chaleur convectif paramétré	31
1.5	Paramètres de la convection/Advection	38
2.1	Asymptotic velocity at large distance of a singularity	81

Introduction

Les transports de masse sous la forme de mouvements convectifs, sont une clé essentielle pour la compréhension des phénomènes de transport de chaleur dans la terre profonde. Deux arguments sont largement dominants pour étayer une telle hypothèse. D'une part, la conduction thermique et la radiation sont très peu efficaces pour transporter de la chaleur sur des échelles de l'ordre du millier de kilomètres (Schatz & Simmons, 1972 ; Shankland *et al.* , 1979), de sorte qu'un temps supérieur à plusieurs fois son âge serait nécessaire pour que la terre commence à se refroidir de façon significative. D'autre part, les mouvements tectoniques surfaciques sont la signature de la mobilité du manteau. Les vitesses caractéristiques de quelques centaines de centimètres par an permettent le déplacement de chaleur sur de longues distances beaucoup plus efficacement que par simple conduction. A raison de 10 cm/an, le manteau a eu le temps de faire une cinquantaine de fois le tour sur lui-même en 4 milliards d'années. Cette estimation est certainement une valeur minimum car cette vitesse a dû être plus grande dans le passé.

Le système convectif terrestre étant éminemment complexe, il est difficile d'identifier avec certitude les ingrédients physiques nécessaires à sa description. Aussi, l'objet de cette thèse est la présentation de modèles relativement simples permettant de rendre compte des caractéristiques particulières de la convection du manteau terrestre.

Dans un système convectif, les principales hétérogénéités de température sont situées au niveau des couches limites thermiques. Pour la Terre, c'est la lithosphère thermique qui joue ce rôle (Turcotte & Oxburgh, 1967 ; Davies & Richards, 1992 ; Bercovici *et al.* , 2000). Une première étape dans la compréhension de l'évacuation du trop plein de chaleur terrestre réside donc dans la compréhension du rôle des couches limites thermiques dans le processus convectif. Une description phénoménologique de ce rôle consiste à écrire la relation entre le nombre sans dimension permettant de mesurer l'efficacité de la convection (le nombre de Nusselt) avec celui permettant d'en mesurer la vigueur (le nombre de Rayleigh). L'application à la Terre de cette relation permet de fournir une description simplifiée de l'évolution séculaire de sa température. Cela est décrit dans la première partie de la thèse.

La seconde partie s'intéresse à la dynamique des couches limites thermiques et à leur lien avec la dynamique globale de l'écoulement. Par ce biais, c'est la dynamique de la lithosphère et son rapport aux mouvements de convection du manteau qui est décrit. Un modèle bi-dimensionnel de convection tri-dimensionelle est développé. Il est basé sur une approximation de couche limite mince. Il permet la description de l'émergence des panaches à partir des couches limites thermiques. Cet aspect ne suffit pas à décrire les mouvements structurés en plaques tectoniques que l'on observe à la surface de la Terre. Afin de répondre à cette contrainte, il a été montré qu'il est nécessaire de recourir à des processus externes à la convection des fluides newtoniens (Bercovici *et al.* , 2000). L'ingestion d'eau dans la croûte terrestre serait une solution à cette problématique. C'est dans ce cadre qu'il est présenté dans la troisième partie un modèle de dynamique des fluides bi-phasiques incluant des effets de tension de surface. Le transfert entre l'énergie de dissipation visqueuse et l'énergie surfacique qu'il permet, ouvre des perspectives sur l'élaboration de modèles de rhéologies à effet de mémoire.

Le formalisme employé pour l'élaboration de ces descriptions est commun à toutes les parties et s'appuie sur la mécanique des fluides visqueux. Bien que solide à l'échelle des temps humains, la Terre admet un comportement fluide à l'échelle des temps géologiques. Nous proposons de revenir sur les différents bilans de masse, quantité de mouvement et d'énergie permettant de mener une description de la dynamique interne terrestre.

Les relations de conservation de la mécanique des fluides

Considérons un fluide newtonien. Ses propriétés thermomécaniques sont décrites par sa viscosité η et sa conductivité thermique κ. Son état thermomécanique est décrit par sa densité ρ, sa température T, sa pression P et sa vitesse $\boldsymbol{v}$. Ces paramètres vérifient les relations de conservations suivantes (Batchelor, 1967, Turcotte & Schubert, 1982) :

- **La conservation de la masse.** L'équation de conservation de la masse pour les fluides compressibles s'écrit

$$\frac{D\rho}{Dt} + \rho \boldsymbol{\nabla}(\boldsymbol{v}) = 0, \tag{0.1}$$

où $D/DT = \partial/\partial t + \boldsymbol{v}\boldsymbol{\nabla}$ est l'opérateur dérivée particulaire. Cette équation est très générale et intervient par exemple dans l'étude de la propagation des sons dans les fluides. Elle exprime simplement que la matière entrant dans un volume de contrôle est compensée par celle qui en sort. Lorsqu'on se place dans les conditions de l'approximation de Boussinesq (*i.e.* les vitesses caractéristiques sont négligeables devant la vitesse de propagation du son et la densité est insensible aux variations de pression), cette équation se réduit à

$$\boxed{\boldsymbol{\nabla}.\boldsymbol{v} = 0.} \tag{0.2}$$

- **La conservation de la quantité de mouvement.** L'équation générale de conservation de la quantité de mouvement s'écrit

$$\rho \frac{D\boldsymbol{v}}{Dt} = \boldsymbol{\nabla}.\boldsymbol{\tau} + \rho \boldsymbol{g}. \tag{0.3}$$

Il s'agit simplement de l'équilibre entre l'accélération et la somme des forces agissant sur un élément de volume. Dans le cas d'un fluide newtonien à viscosité uniforme, cette relation se réécrit

$$\rho \frac{D\boldsymbol{v}}{Dt} = -\boldsymbol{\nabla}P + \eta \boldsymbol{\nabla}^2 \boldsymbol{v} + \rho \boldsymbol{g}. \tag{0.4}$$

C'est cette forme que nous utiliserons dans les études générales des convections de Rayleigh-Bénard et de Bénard-Marangoni. Dans le cas de la convection mantellique, les mouvements sont tellement lents qu'on peut négliger les effets liés à l'accélération. En introduisant le nombre de Prandtl Pr comme le rapport du temps caractéristique de diffusion thermique τ_d sur le temps d'amortissement des hétérogénéités de vitesse τ_v, cela revient à se placer dans la limite du nombre de Prandtl infini (un écoulement piloté par la viscosité du fluide est tel que les temps de diffusion des hétérogénéités de vitesse sont négligeables devant les temps de diffusion de la température). Une simple application numérique inspirée de Nataf & Sommeria (2000) suffit pour se convaincre que les écoulements terrestres se situent dans un tel régime. Calculons les énergies cinétiques mises en jeu dans le processus convectif. Pour la plaque indo-Australienne, de vitesse 10 cm/an, sur une superficie de 10^7 km^2 et une épaisseur de 100 km avec une masse volumique de 3200 kg/m^3, l'énergie cinétique est de l'ordre de 2×10^4 J (du même ordre de grandeur qu'une voiture pesant une tonne et roulant à 30 km/h), ce qui est négligeable devant les gradients de contraintes mis en jeu. En effet, les forces qui agissent sur une plaque sont de l'ordre de 10^{13} N.m^{-1} sur des longueurs d'environ 6000 kms pour des vitesses d'environ 10 cm/an ce qui donne une puissance de l'ordre de 0.2 TW. Si l'on considère que l'énergie cinétique typique calculée précédemment s'accumule en environ 1 million d'années, les variations d'énergie cinétique correspondent à une puissance de l'ordre de 6×10^{-10} W. Les mouvements au sein du manteau sont donc clairement contrôlés par l'équilibre entre les contraintes, sans l'intervention des contributions cinétiques. La conservation de la quantité de mouvement se réduit dans les conditions terrestres à l'équilibre des contraintes,

$$\boxed{\boldsymbol{\nabla}.\boldsymbol{\tau} + \rho \boldsymbol{g} = 0.} \quad (0.5)$$

- **La conservation de l'énergie interne.** L'évolution de l'énergie interne est pilotée par la différence de flux de chaleur entrant et sortant du volume de contrôle, le travail des forces de surface (qui comprend le travail des forces de pression et la dissipation visqueuse) et les termes de production d'énergie tels que la production radiogénique, l'équation de conservation de l'énergie interne s'écrit donc

$$\rho \frac{DU}{Dt} = -\boldsymbol{\nabla} \boldsymbol{q} - P\boldsymbol{\nabla} \boldsymbol{v} + \boldsymbol{\tau} : \boldsymbol{\nabla} \boldsymbol{v} + \rho a, \quad (0.6)$$

où a représente les sources d'énergie interne du type radioactivité. L'application des premier et deuxième principes permet d'écrire la variation d'énergie interne sous la forme

$$dU = C_v \, dT + \left(T \left(\frac{\partial P}{\partial T} \right)_V - P \right) dV, \quad (0.7)$$

si les variations du système sont décrites par le couple de variables (T, V). Dans le cas d'une description à l'aide du couple (T, P), il convient d'écrire les variations de l'enthalpie, définie selon $H = U + PV$,

$$dH = C_p \, dT + (-\alpha T + V) \, dP, \quad (0.8)$$

où $\alpha = 1/V (dV/dT)$. Si l'on combine ces expressions à la relation de conservation de l'énergie interne, en la combinant à l'équation de conservation de la masse, on obtient,

$$\rho C_v \frac{DT}{Dt} + \boldsymbol{\nabla} \boldsymbol{q} = -\rho T \left(\frac{\partial P}{\partial T} \right)_V \frac{DV}{Dt} + \boldsymbol{\tau} : \boldsymbol{\nabla} \boldsymbol{v} + \rho a. \quad (0.9)$$

$$\rho C_p \frac{DT}{Dt} + \boldsymbol{\nabla} \boldsymbol{q} = \alpha T \frac{DP}{Dt} + \boldsymbol{\tau} : \boldsymbol{\nabla} \boldsymbol{v} + \rho a. \quad (0.10)$$

Ces deux expressions traduisent le même phénomène. Le membre de gauche traduit la variation de chaleur dans un volume de contrôle. Les termes du membre de droite agissent comme des sources de chaleur. Le choix de l'une ou l'autre de ces deux équations dépend des conditions de l'étude qui est menée. Le second principe impose la loi de Fourrier, $\boldsymbol{q} = -k\boldsymbol{\nabla} T$, condition nécessaire à l'accroissement de l'entropie.

Dans le cadre de la problématique du refroidissement terrestre où nous envisagerons les influences de la compressibilité des matériaux terrestres sur l'évolution thermique du manteau, nous utiliserons la première relation. Dans ces conditions, le premier terme du membre de droite traduit la compressibilité des matériaux et le dégagement de chaleur associé à cette compressibilité.

Dans le cadre des phénomènes convectifs qui se situent dans l'approximation de boussinesq, ce sont les effets de pression qui dominent et nous emploierons la seconde expression. Le premier terme fixe la valeur du gradient adiabatique. Si l'on suit le mouvement d'un volume de contrôle lors de son ascension ou de sa descente dans le manteau et si l'on fait l'hypothèse que ce volume est toujours en équilibre avec son environnement et n'échange pas de chaleur avec celui-ci (en supposant que le mouvement se fait sur des temps plus courts que les temps de diffusion de la chaleur), alors, ce volume expérimente les variations de température suivantes,

$$\rho C_p \, dT = \alpha T \, dP, \tag{0.11}$$

où nous avons négligé le terme de dissipation visqueuse et le terme de production radiogénique. L'hypothèse d'équilibre avec l'environnement implique que $P = \rho g z$, ainsi,

$$\frac{dT}{dz} = \frac{\alpha g T}{C_p} \tag{0.12}$$

Ce gradient de température est appelé "gradient adiabatique" compte tenu de sa définition. Dans un système convectif, c'est le gradient de température que l'on retrouve au coeur de l'écoulement. Dans les conditions de la terre, il est de l'ordre de $0.5 \, \text{K/km}$. Dans la suite, nous considérerons ce terme comme un terme d'ordre 0, ayant peu d'influence sur la dynamique du manteau.

Le second terme est relié aux dissipations visqueuses. Il s'agit d'un terme source mineure et nous supposerons qu'il a peu d'influence sur la dynamique du manteau. Le terme de production de chaleur radiogénique joue un rôle majeur pour les phénomènes ayant lieu sur une large échelle de longueur et de temps. Ainsi, nous l'exploiterons dans le cadre de l'étude de l'histoire thermique de la terre mais nous le négligerons dans le cadre de l'étude de la convection de Rayleigh-Bénard. Dans ces conditions, l'équation de conservation de la chaleur se réduit à

$$\boxed{\frac{DT}{Dt} - \boldsymbol{\nabla}.(\kappa \boldsymbol{\nabla} T) = 0.} \tag{0.13}$$

Les équations de conservation sont au nombre de 4, pour résoudre 5 champs (ρ, $\boldsymbol{v}$, T), nous avons besoin d'une équation d'état pour fermer notre système. sCelle-ci s'écrit $\rho = f(T, P)$ comme nous nous plaçons dans l'approximation de boussinesq, la densité est indépendante de la pression, et les écarts de température $\delta\theta$ sont suffisamment faibles pour que nous puissions linéariser $\rho(T)$ et écrire,

$$\boxed{\rho = \rho_0 (1 - \alpha \delta\theta).} \tag{0.14}$$

Références

BATCHELOR, G.K. 1967, *An introduction to Fluid Dynamics*, Cambridge University Press.

BERCOVICI, D. AND RICARD, Y. AND RICHARDS, M. 2000, The relation between mantle dynamics and plate tectonics : A primer. In *The history and dynamics of Global Plate motion*(Ed. M.A. Richards, R. Gordon & R. Van des Hilst). AGU, Geophysical Monograph 121

DAVIES, G. F. & RICHARDS, M.A., 1992, mantle convection, *J. Geol.*, **100**, pp 151–206.

NATAF, H.C. & SOMMERIA, J. 2000, *La physique et la terre*, Belin CNRS Editions.

SCHATZ, J.F. & SIMMONS, G. 1972, Thermal conductivity of earth materials at high temperature. *J. Geophys. Res.* **85**, 2531-2538.

SHANKLAND, T.J., NITSAN, U. & DUBA, A.G. 1979, Optical absorption and radiative heat transport in olivine at high temperature. *J. Geophys. Res.* **84**, 1603-1610.

TURCOTTE, D.L. & OXBURGH, E.R. 1967, Finite amplitude convection cells and continental drift. *J. Fluid. Mech.* **28**, 29–42.

TURCOTTE, D.L. & SCHUBERT, G. 1982, *Geodynamics : applications of continuum physics to geological problems*, John Wiley & Sons, NewYork.

Chapitre 1

Le refroidissement de la Terre

1.1 Introduction

La compréhension du refroidissement de la Terre reste partielle à l'heure actuelle en dépit de sa simplicité apparente et des efforts qui ont été fournis par l'ensemble de la communauté des géophysiciens pour résoudre les questions clés de cette problématique. Le bilan thermique de la Terre fournit un excellent point de départ pour explorer quelques thématiques de la physique de la Terre. Celui-ci a été au coeur de la polémique qui a opposé physiciens et géologues au début du XXème siècle pour estimer l'âge de la Terre (Desparis, 2000). Il embrasse des thématiques aussi variées que le bilan géochimique global de la Terre, son état thermodynamique, l'efficacité de la convection terrestre à évacuer la chaleur, les contraintes géologiques et minéralogiques sur les modes de convections passés de la Terre, etc...

La température d'un objet évolue par l'équilibre entre plusieurs phénomènes : l'interaction de cet objet avec le milieu environnant et ses propres sources de chaleur interne. La Terre possède des sources de chaleur interne et est soumise à l'intense rayonnement solaire. Celui-ci est de 177000 TW, mais 51 % de cette énergie est réfléchie par l'atmosphère. Nous considérerons que l'énergie restante est réfléchie par des moyens détournée et ne participe pas au réchauffement de la Terre. Ainsi, thermodynamiquement, la Terre est un corps chaud plongé dans un milieu froid. L'évacuation de sa chaleur se traduit par un flux de chaleur en surface. La mesure de ce flux permet de quantifier le refroidissement de notre planète.

1.2 Modélisation du refroidissement terrestre

1.2.1 Les observables

Un phénomène tel que le refroidissement terrestre est très difficile à contraindre. En effet, le seul paramètre observable directement est le flux de chaleur surfacique. Cette grandeur est une quantité moyenne issue de nombreux phénomènes inaccessibles à la mesure. De plus, elle correspond à l'état actuel de la Terre, et intègre tout le passé. Ainsi, l'unique contrainte directe disponible pour la description de l'histoire thermique de la Terre est une contrainte qui intègre la Terre dans sa globalité spatiale et temporelle. Néanmoins, un certain nombre de contraintes secondaires permettent de discriminer les contributions spatiales et temporelles à ce flux. Le taux de production radiogénique de la Terre silicatée et le flux de chaleur provenant du noyau permettent de déduire la quantité de chaleur produite actuellement dans le manteau et d'extraire la composante temporelle du flux de chaleur. D'autre part, l'étude des komatiites archéennes (Nisbet *et al.*, 1995) indique que la température à l'Archéen (il y a 3.2 Milliard d'années) n'excédait pas la température actuelle de plus de 200 à 300 °K. Cela permet de contraindre l'ordre de grandeur du refroidissement séculaire.

Le flux de chaleur surfacique

Il dépend fortement des conditions géodynamiques locales de l'environnement de la mesure (Lachenbruch, 1970, Lucazeau & Le Douaran, 1985, Husson & Moretti, 2001) comme on peut le voir sur la figure 1.1. Nous proposons un modèle moyen de l'histoire thermique de la Terre et nous ne nous intéresserons pour cela qu'à sa valeur moyenne, de l'ordre de $85 - 87\,\mathrm{mW.m^2}$ (Sclater *et al.*, 1980, Pollack *et al.*, 1993). Le flux total évacué par la Terre est donc de l'ordre de $42 - 44\,\mathrm{TW}$.

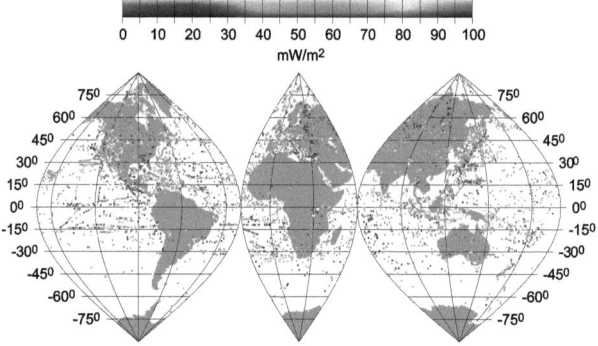

FIGURE 1.1 – *Flux de chaleur terrestre mesuré, base de donnée ayant servi à la compilation de Pollack et al. (1993).*

Ce flux moyen est l'expression de phénomènes aux origines différentes en profondeur. On distingue :

- *la chaleur produite par la radioactivité crustale* : à partir des concentrations en Uranium, Thorium et Potassium de la croûte continentale (McDonough et Sun, 1995 ; Rudnick et Fountain, 1995), la production de chaleur liée à la radioactivité continentale est de l'ordre de $5 - 10\,\mathrm{TW}$;

- *la chaleur évacuée par le noyau* : en considérant que les points chauds sont des manifestations de la couche limite thermique inférieure du manteau, l'estimation du flux de matière chaude par le bombement, induit par leur flottabilité, autour du point chaud permet d'estimer le flux de chaleur provenant du noyau à 3.5 TW (Sleep, 1990 ; Davies, 1999), cette valeur est également l'ordre de grandeur évalué par Stacey (1992) de manière thermodynamique. Cependant, il n'est pas certain que toutes les instabilités thermiques qui prennent naissance au niveau de l'interface Noyau-Manteau (la CMB) atteignent la surface terrestre. Seul les panaches les plus robustes ont cette capacité (Labrosse, 2001). Dans ces conditions, cette dernière estimation du flux de chaleur à travers la CMB serait inférieure à la réalité.

- *la chaleur provenant du manteau* : par différence, il reste une puissance de 30.5 TW produite au niveau du manteau terrestre. Elle est la somme des contributions de différentes sources de chaleur interne et du refroidissement séculaire. La radioactivité produit environ 10 TW. Le refroidissement séculaire correspond donc à 20 TW.

Toutes ces contributions sont schématisées figure 1.2 Afin de décrire l'état thermique de la Terre,

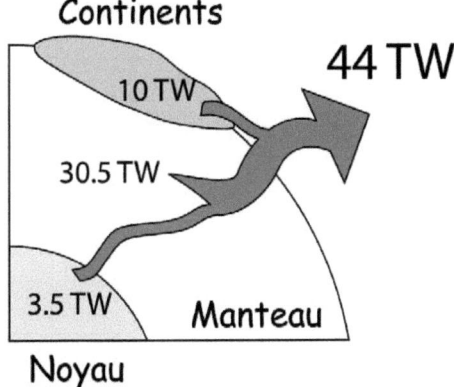

FIGURE 1.2 – *Contribution au flux de chaleur terrestre*

nous allons nous intéresser plus particulièrement à l'état thermique du manteau qui représente 67% de la masse totale de la Terre et dont la production de chaleur est la composante principale du flux de chaleur en surface.

le profil historique de température

Avant de rentrer dans le détail quantitatif des données qui ont été exposées et de l'évolution thermique terrestre, analysons les conséquences immédiates des contraintes que nous venons de décrire. En supposant que la capacité calorifique du manteau suive la loi de Dulong et Petit ($C = 3R$ par mole d'atome, ce qui donne une capacité calorifique totale du manteau de 4.94×10^{27} J.K^{-1}, nous reviendrons ultérieurement sur cette valeur), le refroidissement séculaire de 22 TW correspond à une variation temporelle instantanée de la température de 4×10^{-15} K.s^{-1}. Ceci correspond à une variation de température de 127 K par milliard d'année. Avec une telle variation, la température du manteau serait plus grande de 383 K il y a 3 Milliards d'années. Cette valeur est au-delà de l'estimation raisonnable de la température à cette époque (voir la figure 1.3). Un processus particulier a donc nécessairement eu lieu entre l'Archéen et maintenant pour que le refroidissement de la planète ait été augmenté. Pour augmenter le refroidissement, il est nécessaire de diminuer la production de chaleur ou d'augmenter l'efficacité de l'évacuation de la chaleur.

Cette dernière est très sensible aux variations de température mais cela va à l'encontre des effets désirés. En effet, la chaleur est évacuée par convection. Or, la convection est plus vigoureuse à haute température. Pour un système dont la température décroît, l'évacuation de la chaleur devient de moins

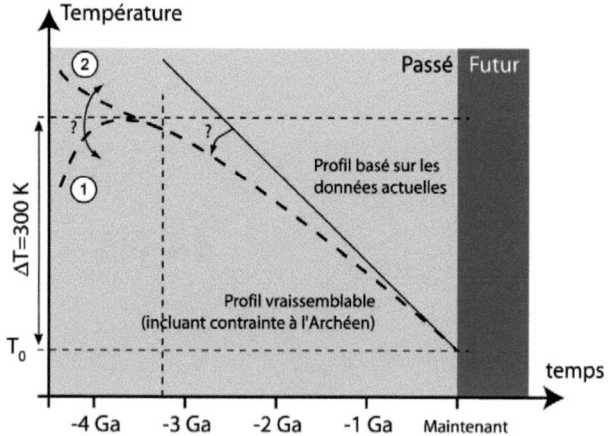

FIGURE 1.3 – *Profil thermique historique probable de la Terre. Voir le texte pour les explications.*

en moins efficace et le système se refroidit de moins en moins vite. L'effet de la dépendance en température de l'évacuation de la chaleur est donc d'aplanir la courbe température-temps plutôt que de la raidir (voir figure 1.4).

Par contre, l'évolution de la production de chaleur induit l'effet inverse. Si la production de chaleur est d'origine radiogénique, elle décroît au cours du temps. Le manteau a donc tendance à être de moins en moins réchauffé lorsque le temps passe, la température décroît de plus en plus vite (voir la figure 1.4).

Afin d'obtenir la courbe probable de température du manteau de la figure 1.3, il est nécessaire que les effets de production de chaleur dans le passé soient plus forts que les effets du refroidissement. Plusieurs possibilités émergent :

- Soit la production de chaleur d'origine radiogénique actuelle du manteau suffit à obtenir le profil de température probable, et le problème est assez simplement résolu.

- Soit il a existé d'autres sources de chaleur dans le manteau qui ont disparu à l'heure actuelle et dont la chaleur emmagasinée continue à être évacuée.

Une étude quantitative des différents effets est donc nécessaire pour déterminer quel est le scénario le plus probable pour la Terre.

Nous pouvons également nous interroger sur l'histoire de la Terre avant l'Archéen. Nous avons vu que pour satisfaire aux contraintes de l'Archéen, il est nécessaire que le refroidissement de la Terre ait été moins vigoureux par le passé (ou que le réchauffement ait été plus vigoureux). Supposons qu'il y ait eu une période pendant laquelle le refroidissement était exactement compensé par le réchauffement (pente nulle de la courbe T(t)). Que pouvons-nous dire de l'état antérieur à cette phase ? La Terre était-elle en pleine phase de réchauffement (scénario 1 de la figure 1.3) ? Ou est-ce que la Terre était en plein refroidissement et un évenement particulier a ralenti ce refroidissement pour amener à un état transitoire d'équilibre (scénario 2 de la figure 1.3) ? Par souci de simplicité le premier scénario semble

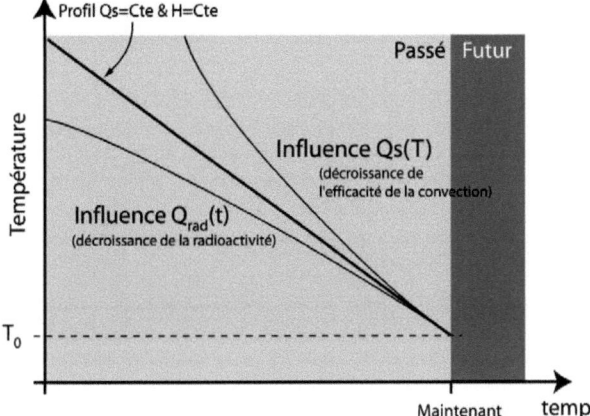

FIGURE 1.4 – *Effet de la dépendance en température de l'évacuation de la chaleur (notée $Q_s(T)$) et de la dépendance temporelle de la production de chaleur (notée $Q_{rad}(t)$).*

le plus probable mais comment concilier cela avec les théories de formation de la Terre dont l'issue a certainement été un manteau très chaud ?

La réponse à toutes ces questions nécessite une exploration quantitative précise des phénomènes entrant en jeu dans le refroidissement de la Terre. C'est ce que nous proposons d'effectuer dans la suite de ce chapitre.

1.2.2 Modélisation

Considérons l'équilibre thermique du manteau terrestre. Pour cela, nous allons intégrer l'équation de la chaleur telle qu'elle a été définie dans l'introduction, sur l'ensemble du manteau, afin de mettre en évidence une équation d'évolution pour la température moyenne du manteau.

L'équation de la chaleur s'écrit, avec a qui représente les sources internes de chaleur,

$$\rho C_v \frac{DT}{Dt} + \boldsymbol{\nabla} \boldsymbol{q} = -\rho T \left(\frac{\partial P}{\partial T}\right)_V \frac{DV}{Dt} + \boldsymbol{\tau} : \boldsymbol{\nabla} \boldsymbol{v} + \rho a, \tag{1.1}$$

où les variations de volume V sont reliées à la dépendance en température de la densité et non à la divergence de la vitesse, qui reste nulle dans le cadre de nos approximations de Boussinesq. En intégrant cette équation sur le volume du manteau, nous obtenons la loi de variation,

$$\begin{aligned}\frac{d}{dt} \int_{V_m} \rho C_v T \, d\boldsymbol{r} + Q_s - Q_n = &-\int_{V_m} \rho T \left(\frac{\partial P}{\partial T}\right)_V \frac{\partial V}{\partial t} d\boldsymbol{r} - \int_{V_m} \rho T \left(\frac{\partial P}{\partial T}\right)_V \boldsymbol{v} \boldsymbol{\nabla} V \, d\boldsymbol{r} \\ &+ \int_{V_m} \boldsymbol{\tau} : \boldsymbol{\nabla} \boldsymbol{v} \, d\boldsymbol{r} + \int_{V_m} \rho a \, d\boldsymbol{r},\end{aligned} \tag{1.2}$$

où les flux Q_s et Q_n sont tous deux positifs, Q_s étant le flux de chaleur qui s'échappe du manteau par la surface terrestre, tandis que Q_n est le flux de chaleur entrant dans le manteau par l'interface noyau-manteau. Dans le cas où l'on envisage un état en régime permanent, le terme de gauche est nul, les flux de chaleurs entrant et sortant du manteau étant identique. Il ne reste dans ces conditions que deux termes dans le membre de droite, le terme faisant intervenir le gradient du volume massique, lié au gradient adiabatique et le terme de dissipation visqueuse. Ce dernier terme est défini positivement. Il est nécessairement compensé par le terme du gradient adiabatique. Cela indique qu'en régime permanent, les effets de dissipations visqueuses sont annulés par les effets liés au gradient de température adiabatique (Turcotte *et al.* , 1974). Autrement dit, le terme en ∇V compense la dissipation visqueuse des mouvements identiques à ceux intervenant en régime permanent. Nous n'envisagerons donc pas les effets liés au gradient adiabatique ni ceux liés à la dissipation visqueuse dans le cadre des mouvements convectifs.

Dans le cas où l'on considère les effets liés à la contraction thermique en masse de la Terre, les déformations sont isotropiques, dans ces conditions, le terme de dissipation visqueuse est nul (Batchelor, 1967) et l'unique contribution au refroidissement terrestre est exprimé dans l'intégrale faisant intervenir le terme $\partial V/\partial t$. Comme il l'a été mentionné, les variations de volume sont reliées aux variations de densités selon $d\rho/\rho = -dV/V$ (la masse est conservée dans le changement de volume). En remarquant que ces dernières sont proportionnelles au premier ordre aux variations de température nous pouvons écrire le premier terme du membre de droite selon,

$$-\int_{V_m} \rho T \left(\frac{\partial P}{\partial T}\right)_V \frac{\partial V}{\partial t} \, d\boldsymbol{r} = \int_{V_m} \frac{TV}{\rho} \left(\frac{\partial P}{\partial T}\right)_V \frac{\partial \rho}{\partial t} \, d\boldsymbol{r} \sim \frac{d}{dt} \int_{V_m} \phi(\rho, P, T) T \, d\boldsymbol{r} \qquad (1.3)$$

Nous reviendrons ultérieurement sur ce terme, mais nous pouvons d'ores et déjà remarquer qu'il est équivalent à une variation de la capacité calorifique et l'équation de la chaleur se réécrit dans ces conditions,

$$\frac{d}{dt} \int_{V_m} (\rho C_v - \phi(\rho, P, T)) T \, d\boldsymbol{r} = -Q_s + Q_n + \int_{V_m} \rho a \, d\boldsymbol{r} \qquad (1.4)$$

Le dernier cas à envisager est celui qui n'est ni isotrope, ni permanent comme dans une situation de ségrégation, où un volume plus dense que le milieu environnant plonge dans le manteau et reste au fond. Dans ces conditions, les termes de variations du volume massique et les termes de dissipation visqueuse sont non nuls. Ce processus irréversible dissipe nécessairement l'énergie gravitationnelle sous forme de chaleur. La somme des différentes contributions est donc de l'ordre de la différence d'énergie potentielle de gravitation. C'est par ce biais que nous calculerons la contribution au refroidissement terrestre de la formation de la croûte et de la couche D".

Pour conclure la description du cadre de notre modélisation, nous définissons la température moyenne $\bar{T}$ telle que,

$$\bar{T} = \frac{\int_{V_m} (\rho C_v - \phi(\rho, P, T)) T \, d\boldsymbol{r}}{\int_{V_m} (\rho C_v - \phi(\rho, P, T)) \, d\boldsymbol{r}} \qquad (1.5)$$

et en introduisant la capacité calorifique efficace $\Phi = \int (\rho C_v - \phi(\rho, P, T)) \, d\boldsymbol{r}$, incluant les effets liés à la contraction thermique, l'équation d'évolution de la température du manteau est décrite selon,

$$\Phi \frac{d\bar{T}}{dt} = -Q_s + Q_n + Q_{Rad} + Q_{seg}, \qquad (1.6)$$

où Q_{Rad} est la production radiogénique totale du manteau et Q_{seg} le terme de production de chaleur par ségrégation non isotrope.

1.3 Sources de chaleur interne

Pour rendre compte du flux de chaleur qui se dégage du manteau terrestre, il est nécessaire d'effectuer un bilan exhaustif des sources de chaleur interne. La principale source de chaleur dans le manteau est la radioactivité. Certains auteurs ont également incorporé la chaleur dégagée par la contraction thermique (Stacey, 1981 ; Christensen 1985), nous avons vu que cet effet est équivalent à modifier la valeur de la capacité calorifique, nous développerons plus particulièrement ce second point. Nous envisagerons également la libération d'énergie potentielle de gravitation liée à la ségrégation de la croûte et de la D".

1.3.1 radioactivité

Les éléments radioactifs en quantité suffisante pour amener une contribution au réchauffement en masse du manteau sont le potassium 40, ^{40}K, l'Uranium 238 et 235, ^{238}U, ^{235}U et le thorium 232, ^{232}Th. Leurs caractéristiques radiogéniques sont exposées dans le tableau 1.1

élément	Demi-vie Milliard d'année	Taux de production de chaleur $\mu W.kg^{-1}$	concentration dans le manteau ppb & ppm	concentration dans la croûte ppm & %
^{238}U	4.468	94.35	20.15 ppb	1.41 ppm
^{235}U	0.7038	4.05	0.15 ppb	0.01 ppm
^{232}Th	14.01	26.6	79.5 ppb	5.6 ppm
^{40}K	1.250	0.0035	240 ppm	1.88 %

TABLE 1.1 – *Principaux éléments radioactifs contribuant à l'apport d'énergie radiogénique et leurs caractéristiques, d'après Hamza & Beck (1972), McDonough & Sun (1995), Rudnick & Fountain (1995)*

Les données géochimiques usuelles (Zindler& Hart, 1986 ; Hofman, 1988 ; Rudnick & Fountain, 1995 ; McDonough & Sun, 1995), fournissant la concentration de ces éléments (voir le tableau 1.1), permettent d'estimer la production de chaleur par unité de masse dans les majeures parties de la Terre. Ces données fondamentales pour estimer la contribution radiogéniques au flux de chaleur sont reportées tableau 1.2.

Zone	Concentration en U	Puissance (pW/kg)
Croûte continentale	5μ g/g	1000
Croûte océanique	71 ng/g	14
Manteau supérieur	7 ng/g	1.4
Météorites chondritiques	20 ng/g	5

TABLE 1.2 – *Taux de production de chaleur radiogénique.*

En supposant que la Terre globale est de composition chondritique, et à partir de la production de chaleur des météorites chondritiques, on peut estimer la quantité de chaleur totale produite par radioactivité dans la Terre. La masse du manteau étant de 4×10^{24}kg, la production de chaleur radiogénique de la Terre silicatée est donc de l'ordre de 20 TW. En retranchant la production liée à la croûte, on déduit une production radiogénique mantellique H_0 actuelle de l'ordre de 10 à 15 TW.

Coltice & Ricard (1999) proposent de différencier dans ces données la quantité de chaleur produite dans le manteau supérieur de celle produite dans le manteau inférieur, ce qui permet d'estimer une composition chimique moyenne pour le manteau inférieur. La masse du manteau supérieur est de 10^{24} kg, la production de chaleur radiogénique du manteau supérieur est donc égale à 1.5 TW. En se basant sur une production radiogénique totale dans le manteau de l'ordre de 10 TW, celle du manteau inférieur est donc nécessairement de 8.5 TW. Si le manteau inférieur était purement primitif, hypothèse difficilement justifiable dans le contexte d'un milieu convectif loin de l'équilibre, sa production radiogénique serait de 14.7 TW. Par contre, un manteau inférieur de même composition que le manteau supérieur produirait 4.2 TW. Pour obtenir une production radiogénique de 8.5 TW, nous pouvons faire l'hypothèse que le manteau inférieur est composé à 88 % de manteau appauvri (identique au manteau supérieur), et à 12 % de croûte océanique. Coltice & Ricard (1999) proposent d'expliquer ces rapports en supposant que la couche D" est alimentée par la croûte océanique éclogitisée, plus dense que le manteau. Nous reviendrons plus tard sur les implications d'une telle dynamique.

La production de chaleur radiogénique terrestre totale n'excède pas 20 TW alors que le flux de chaleur en surface est de l'ordre de 40 TW. Reprenons l'équation d'équilibre thermique (1.6), en supposant que $Q_{Rad} = 20$ TW, $Q_s = 40$ TW, nous en déduisons que $\phi dT/dt = 20$ TW. Ainsi, 50 % de la chaleur évacuée par le processus convectif a été produit durant des âges antérieurs à notre époque. Trois questions majeures émergent de ces valeurs. Existe-t-il ou a-t-il existé d'autres sources de chaleur dans la Terre ? Quel système convectif permet un tel décalage entre flux de chaleur en surface et source de chaleur ? Quelles contraintes avons-nous sur le passé thermique de la Terre ?, et quelle est la capacité calorifique de la Terre ? Est-elle suffisamment grande pour emmagasiner de grandes sources de chaleur sans faire augmenter exagérément sa température ?

1.3.2 Contraction thermique et capacité calorifique

Le choix de la valeur de la capacité calorifique est très important puisque dans cette modélisation du refroidissement terrestre, la capacité calorifique apparaît comme un terme inertiel permettant d'accommoder des variations de température modérées à un fort décalage entre flux surfacique et source de chaleur. La capacité calorifique effective est liée à la capacité calorifique intrinsèque des roches d'une part et à tous les effets co-latéraux, sources d'énergie et proportionnels aux variations de température.

Afin d'estimer grossièrement la capacité calorifique intrinsèque des roches du manteau, nous allons considérer que le manteau est un solide à haute température tel que sa capacité calorifique suive la loi de Dulong et Petit et soit indépendante de la température, soit $3R$ pour une mole d'atome. En réalité, les matériaux terrestres s'écartent légèrement de la loi de Dulong et Petit (Matas, 2000) mais l'écart est négligeable dans le cadre des ordres de grandeurs que nous voulons estimer. Le manteau est composé de silicate dont le poids moyen molaire est 20.2 g.mol^{-1}. La masse du manteau est de 4×10^{24} kg. Le manteau est donc constitué de 1.98×10^{26} mol. La valeur de sa capacité calorifique est donc $4.94 \times 10^{27} \text{ J.K}^{-1}$.

Envisageons maintenant l'effet secondaire de contraction thermique qui, comme nous l'avons vu contribue à augmenter la capacité calorifique du manteau. En effet, la Terre en se refroidissant se contracte, cela induit un dégagement d'énergie dE qui se calcule à partir de la variation de densité expérimenté par les roches du manteau. Ce dégagement d'énergie est proportionnel au saut de température, $dE \sim dT$ et cela contribue à augmenter la capacité calorifique efficace des matériaux. Autrement dit, lorsqu'on fournit de l'énergie aux roches du manteau, une fraction de cette énergie est stockée sous forme d'énergie élastique.

Afin de calculer précisément la valeur de l'énergie dégagée par contraction thermique de la Terre dans son ensemble, il est nécessaire de dégager d'un modèle thermodynamique de Terre un rapport entre rayon terrestre et état thermodynamique.

Un modèle thermodynamique de Terre

Afin de déterminer les variations de densité dans le manteau lors d'une modification de sa température nous allons élaborer un profil synthétique de densité en fonction de la température. Puis en perturbant ce profil par une modification de la température nous calculerons l'énergie libérée lors de cette variation par relâchement d'énergie élastique.

Considérons un modèle radial de Terre : pression, densité et gravité ne dépendent que de r, et sont reliées à travers l'équilibre hydrostatique de la Terre. Le champ de gravité vérifie

$$\nabla g = -4\pi G\rho \tag{1.7}$$

Ce champ est en équilibre avec le champ de pression selon l'équilibre hydrostatique $dP/dr = -\rho g$. En introduisant le module d'incompressibilité, $K(\rho,T) = \rho(dP/d\rho)$, cet équilibre est équivalent à

$$g = -\frac{K(\rho,T)}{\rho^2}\frac{d\rho}{dr} \tag{1.8}$$

Cette équation est connue sous le nom d'équation d'Adams-Williamson et permet de construire le modèle PREM (Dziewonski & Anderson, 1981). En effet, en supposant que l'hypothèse d'adiabaticité est valable dans les conditions terrestres, $K = K_s$, la valeur du module d'incompressibilité est directement donnée par les modèles d'inversion de vitesse sismique. Le but de cette étude n'est pas de reconstruire un profil compatible avec les données sismologiques mais de déterminer la dépendance en température de ce profil. Nous ne considérerons donc pas les différentes discontinuités chimiques du manteau. Afin de construire un modèle instrinsèque, tous les paramètres thermodynamiques sont déterminés à partir d'une équation d'état. En effet, la résolution du système d'équations ci-dessus nécessite la connaissance de la fonction $K(\rho,T)$ et les conditions aux limites à imposer pour la résolution de ces équations nécessitent la connaissance de $P(\rho,T)$.

En effet, il s'agit d'un système de deux équations différentielles du premier ordre, à deux inconnues. Considérant que la densité est une fonction continue de la profondeur, il est donc nécessaire d'avoir 2 conditions aux limites . La gravité à la base du manteau peut être déterminée simplement en intégrant l'équation (1.7), sachant que le noyau a un rayon de 3480 km et une masse de 1.94×10^{24} kg, nous trouvons $g = 10.68\,\mathrm{m.s^{-2}}$ à la base du manteau. La seconde condition aux limites est plus délicate à déterminer puisqu'il s'agit de la condition de pression nulle à la surface de la Terre. Afin de construire un modèle simple permettant d'estimer l'ordre de grandeur des variations de densité en fonction de la température, nous proposons de décrire les roches du manteau à l'aide d'une équation d'état du type,

$$P = \frac{a(T-T_0)}{V} + \frac{b}{V^n} + c, \tag{1.9}$$

Connaissant la température de surface du manteau ($T_s = 1350\,^\circ\mathrm{C}$ à l'heure actuelle), nous sommes à même de déterminer le volume massique permettant d'annuler la pression. Cependant les coefficients a, b et c n'ont rien de physique et nous proposons de réécrire cette équation d'état en fonction des coefficients thermodynamiques α_0 et K_0 correspondant aux fonctions α et K dans les conditions de l'état de référence (P_0, T_0). Nous prendrons pour état de référence celui des roches à la surface de la Terre, c'est à dire $P_0 = 0$ et $T_0 = 298\,\mathrm{K}$.

A partir de la définition de l'expansion thermique $\alpha = \frac{1}{V}\frac{\partial V}{\partial T}$ et de l'incompressibilité isotherme $K = -V\frac{dP}{dV}$, nous pouvons calculer les facteurs (a, b, c) de l'équation d'état (1.9) en fonction des paramètres connus α_0 et K_0, pour obtenir

$$P = \alpha_0 K_0 \frac{\rho}{\rho_0}(T - T_0) + \frac{K_0 \rho^n}{n\rho_0^n} - \frac{K0}{n}. \quad (1.10)$$

Muni de cette équation d'état, le calcul de la fonction $K(\rho, T)$ est aisé,

$$K(\rho, T) = K_0(\alpha_0 \frac{\rho}{\rho_0}(T - T_0) + (\frac{\rho}{\rho_0})^n). \quad (1.11)$$

Pour déterminer la température à toute profondeur, en fonction de ρ, nous allons faire l'hypothèse que le profil de température est adiabatique, de sorte que la température vérifie, $T/\rho^\gamma = Cte$ où γ est le paramètre de grüneisen. A partir des conditions de surface, $T = T_s$ et $\rho = \rho_s$, déterminées à partir de la condition de pression nulle, nous pouvons écrire,

$$T(\rho) = T_s(\frac{\rho}{\rho_s})^\gamma \quad (1.12)$$

Tous les coefficients étant déterminés, la résolution du système d'équation,

$$\frac{d\rho}{dr} = -\frac{\rho^2 g}{K(\rho)} \quad (1.13)$$

$$\frac{dg}{dr} = 4\pi G\rho - 2\frac{g}{r} \quad (1.14)$$

est aisée en utilisant les conditions aux limites et expressions de K décrites ci-dessus.

Les roches du manteau sont des silicates dont les propriétés thermodynamiques dans l'état de référence sont mesurable en laboratoire et modélisable. Ainsi, le coefficient d'expansion thermique α_0 varie entre $25 \times 10^{-6}\,\mathrm{K}^{-1}$ et $30 \times 10^{-6}\,\mathrm{K}^{-1}$ tandis que le coefficient d'incompressibilité, K_0 varie entre 100×10^9 Pa et 260×10^9 Pa selon les phases envisagées (Matas, 1999). Tous ces coefficients varient selon la composition chimique du manteau que l'on se donne. Le but de cette étude est de faire une modélisation grossière du comportement thermodynamique du manteau, ainsi, il ne s'agit pas ici de prendre les valeurs expérimentales exactes, mais plutôt de rendre compte d'un profil de densité cohérent avec les données expérimentales globales du type PREM (Dziewonski & Anderson, 1981).

Ainsi, L'intégration du système ci-dessus avec les coefficients thermodynamiques dans l'état de référence, $\rho_0 = 3700\,\mathrm{kg.m^{-3}}$, $\alpha_0 = 3 \times 10^{-5}\,\mathrm{K}^{-1}$ et $K_0 = 135\,\mathrm{GPa}$ en prenant $n = 3.3$ fournit une bonne approximation des données de PREM (voir les figures 1.5), tout en répondant à la contrainte de masse, c'est-à-dire au fait que le profil de densité intégré sur l'ensemble du volume doit correspondre à la masse de la Terre.

Perturbation du modèle par un accroissement de la température

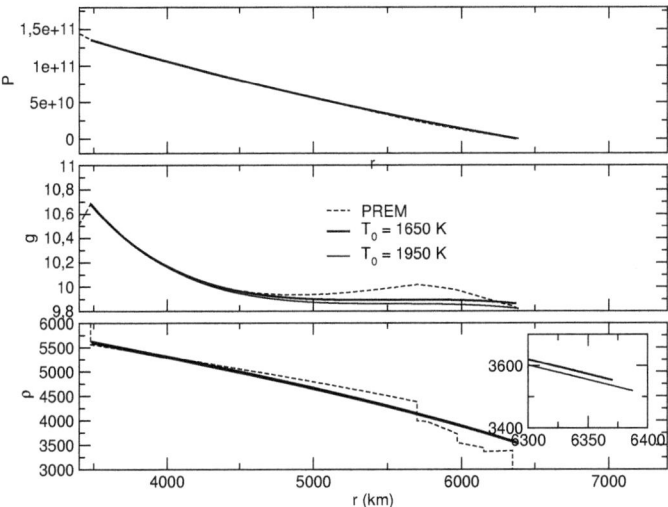

FIGURE 1.5 – *Modélisation Thermodynamique des profils de densité, pression et gravité dans le manteau terrestre. En encart du graphique de la densité est représenté un zoom près de la surface terrestre.*

Lors d'un changement de température, la densité de surface, ρ_s, qui annule la pression dans l'équation d'état (1.10), est modifiée. Il est donc possible de calculer un nouveau profil de densité et de gravité.cependant la condition de surface est légèrement modifiée, il ne s'agit plus de prendre $\rho = \rho_s$ en $r = R_T$ (rayon terrestre) mais $\rho = \rho_s$ à la profondeur $r = R'_T$ telle que la masse totale du manteau soit inchangée. La figure 1.5 représente les profils de densité, gravité et pression pour une température de surface de 1650°K (température actuelle du haut du manteau supérieur (Parsons & Sclater, 1977)) et pour une température de 1950°K.

L'expression de la quantité d'énergie libérée lors de ce processus a été décrite plus haut (section 1.2.2). Nous avons vu que l'énergie libérée par les effets de contractions thermiques s'écrivent,

$$\delta E = \int_{V_m} \frac{TV}{\rho} \left(\frac{\partial P}{\partial T}\right)_V (\delta\rho) \, \mathrm{d}r^3 \qquad (1.15)$$

où $\delta\rho$ est la variation de densité subie par les matériaux lors du changement de température. Avec l'équation d'état dont nous nous sommes munis, la dérivée $\partial P/\partial T$ est égale à $\alpha_0 K_0 \rho/\rho 0$ et l'énergie libérée est

$$\delta E = 4\pi \frac{\alpha_0 K_0}{\rho_0} \int_{r=R_n}^{r=R_T} TV\delta\rho \, \mathrm{d}r, \qquad (1.16)$$

où V est égale à la masse $M(r)$ qui a subi la variation de densité divisée par la densité ρ.

Capacité calorifique efficace

Dans les conditions décrites dans la figure 1.5, l'énergie libérée entre les deux états est de 8.7×10^{28} J. Cette énergie, libérée pour un écart de température de 300 $^{\circ}K$ correspond à une capacité calorifique de 3×10^{26} J.K^{-1}.

Si l'on ajoute cette contribution à la capacité calorifique intrinsèque des roches, nous obtenons une capacité calorifique efficace de 5.3×10^{27} J.K^{-1}.

Stacey (1981) fournit une expression de la perturbation de la capacité calorifique en se basant sur la différence d'énergie gravitationnelle subie par une Terre qui se contracterait sous l'effet de la chaleur. Il trouve une capacité calorifique pour le manteau de l'ordre de 5.9×10^{27} J.K^{-1}. Il existe une différence majeure entre nos deux approches. Pour obtenir cette valeur, Stacey estime le taux de contraction moyen de la Terre $\Delta R/R$ à 4×10^{-6} par degré Kelvin. Dans notre modèle, nous calculons un taux de contraction de 5.7×10^{-6} par degré Kelvin, avec un tel taux, Stacey aurait trouvé une capacité calorifique efficace de l'ordre de 6.32×10^{27} J.K^{-1}. Cette valeur est surestimée, en effet, Stacey estime l'écart d'énergie à partir de la différence d'énergie gravitationnelle. Cette énergie ne peut intervenir dans un bilan irréversible, tel que l'équation de la chaleur, qu'à travers la dissipation visqueuse. Or dans un mouvement isotrope, les forces visqueuses ne fournissent pas d'énergie (Batchelor, 1967), l'énergie potentielle de gravité n'intervient donc que dans le bilan des processus réversibles et est donc compensé par le travail des forces de pression lors de la compaction du système.

1.3.3 D'autres sources de chaleur ?

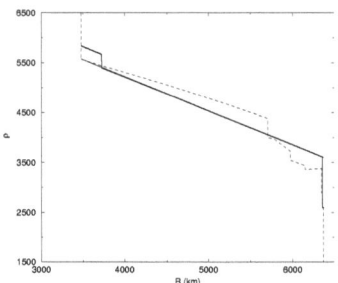

FIGURE 1.6 – *Profil synthétique de densité du manteau terrestre. En pointillé, le modèles PREM, en continu, deux modélisations, avec (trait fin) et sans (trait épais) les continents et la D".*

Lors de la création de la croûte continentale, il y a libération d'énergie gravitationnelle. En effet, pour construire une croûte plus légère, il est nécessaire d'extraire des éléments légers du manteau, et ce processus libère de l'énergie sous forme de chaleur à travers les frottements visqueux qui interviennent entre les éléments légers (la future croûte) et le manteau. De la même façon, selon les arguments de Coltice & Ricard (1999), le processus d'éclogitisation de la croûte océanique dont la signature serait la couche D" à la base du manteau, libérerait de l'énergie gravitationnelle.

Stacey (1992) donne l'ordre de grandeur de ces effets gravitationnels. Il estime que la formation de la croûte a libéré une énergie de l'ordre de 6.5×10^{28} J de manière non continue, 90% de cette énergie étant libérée durant 4.5 milliards d'années ce qui correspond à 0.3 TW. Il soutient que l'énergie libérée par l'accumulation de matière dense dans la couche D"est du même ordre. Dans ces conditions, la production de chaleur par différentiation chimique est de l'ordre de 0.6 TW.

Nous proposons d'estimer plus rigoureusement l'énergie gravitationnelle libérée par la formation de la croûte et l'éclogitisation. Nous nous basons pour cela sur un modèle de Terre proche des données PREM (voir la figure 1.6) où la densité varie linéairement avec la profondeur. La croûte continentale a une densité moyenne de $2600\,\text{kg/m}^3$ sur une épaisseur de $35\,\text{km}$ pour une superficie représentant 40% de la surface terrestre. On prendra donc une épaisseur moyenne de $14\,\text{km}$. Suivant Coltice & Ricard (1999), la couche D" est épaisse de $250\,\text{km}$ et présente un saut de densité de l'ordre de $50 - 70\,\text{kg/m}^3$.

L'énergie potentielle associée à une distribution continue de masse à symétrie sphérique est simplement, en notant R_0 le rayon de la sphère,

$$E_p = \frac{1}{2} \int_0^{R_0} \rho(r) V(r) 4\pi r^2 dr, \qquad (1.17)$$

où $V(r)$ est le potentiel gravitationnel au point r créé par l'ensemble de la sphère. Il se déduit du théorème de Gauss. En définissant $M(r) = \int_0^r 4\pi r'^2 \rho(r') dr'$, la masse contenue dans la sphère de rayon r, le théorème de Gauss permet d'écrire

$$g(r) = -G \frac{M(r)}{r^2}, \qquad (1.18)$$

d'où l'on déduit le potentiel $V(r) = -\int_{R_0}^r g(r) dr + V(R_0)$, $V(R_0) = -GM_0/R_0$,

$$V(r) = G \int_{R_0}^r \frac{M(r)}{r^2}\,dr - G\frac{M_0}{R_0}, \qquad (1.19)$$

Ainsi, nous avons construit deux modèles de Terre dans lesquels la densité varie linéairement dans le manteau de sorte à obtenir une masse du manteau égale à 4×10^{24} kg mais dont l'un des modèles présente des discontinuités correspondant à la couche D" et à la croûte (voir la figure 1.6). La formation de la couche D" produit 2.3×10^{28} J, tandis que la formation de la croûte fournit 9.4×10^{28} J.

Ces énergies ne se sont pas dissipées en continu dans le temps depuis 4 milliards d'années. En effet, il est généralement admis que la croûte continentale s'est formée relativement brutalement autour de 2.5 milliards d'années. Nous avons donc utilisé un modèle simple de création de croûte (Choukroune *et al.* 1997) dans lequel elle est principalement créée en 500 millions d'années, entre -3 Ga et -2.5 Ga (voir l'encart de la figure 1.7).

Concernant l'éclogitisation, ce processus est beaucoup plus délicat à estimer, et nous supposerons simplement qu'il est continu sur l'histoire de la Terre. Ces deux effets cumulés amènent un pic de la production de chaleur de l'ordre de 5 TW autour de -2.5 Ga (voir la figure 1.7). Ainsi, l'énergie libérée par les processus de différenciation est faible en regard des autres phénomènes mais sa soudaineté (environ 300 millions d'années) amène une quantité d'énergie non négligeable.

Une autre conséquence liée à la formation de la croûte est l'évolution de la concentration en éléments radiogéniques dans le manteau. En effet, si l'on considère que la croûte a été extraite principalement il y a 2.5 Ga, cela induit que la production radiogénique dans le manteau était beaucoup plus grande avant la formation des continents. Dans ces conditions, la variation de la production de chaleur radiogénique n'est pas simplement la somme des décroissances radioactives des différents éléments

$$Q_{rad} = Q_{Rad}^0 \sum_{i=1}^{4} C_i\, e^{-\lambda_i t}, \qquad (1.20)$$

où C_i représente la contribution calorifique relative de chaque élément. Il convient de rajouter à cette

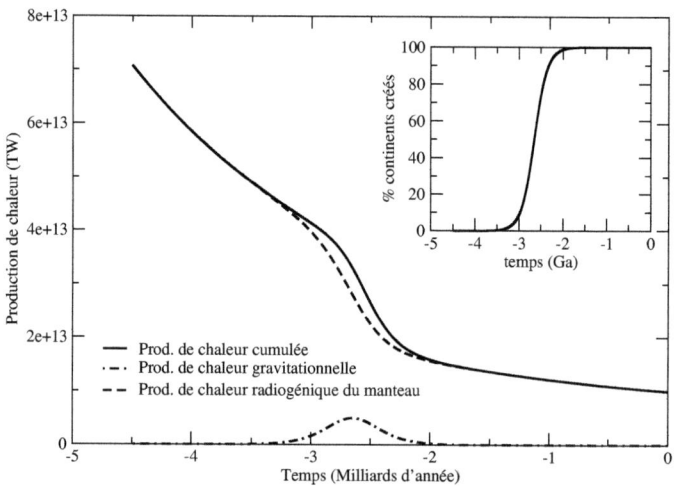

FIGURE 1.7 – *Les différentes sources de chaleur dans le manteau et leur évolution au cours du temps. En encart, la représentation schématique de l'histoire de la formation des continents.*

production de chaleur celle de la croûte qui n'est pas encore différenciée à l'instant t,

$$Q_{Rad} = Q_{Rad}^0 \sum_{i=1}^{4} C_i \, e^{-\lambda_i t} + (1 - f(t)).Q_c^0 \sum_{i=1}^{4} C_i' \, e^{-\lambda_i t} \tag{1.21}$$

où $f(t)$ est la fonction représentée sur la figure 1.7. Nous verrons qu'en remontant le temps, l'incorporation progressive des éléments radiogéniques de la croûte dans le manteau est cruciale pour la compréhension du refroidissement terrestre. Les évolutions temporelles de la production de chaleur radiogénique et de la libération d'énergie gravitationnelle sont représentées figure 1.7.

1.4 Flux de chaleur en surface pour un système convectif

Les conditions de convection de la Terre et le manque de données accessibles sur la convection passée sont tels qu'il est difficile voire impossible de déterminer une loi exacte permettant de rendre compte du flux de chaleur à sa surface au cours de son évolution. Cependant, bien que la convection mantellique soit partiellement comprise (et nous reviendrons sur ce point au chapitre 3), il est raisonnable de supposer que les propriétés majeures de ce système soient proches de celles des systèmes convectifs plus conventionnels. Ainsi, nous allons utiliser une description paramétrique de la convection permettant de relier le flux de chaleur surfacique à la température moyenne au coeur de la cellule convective et nous supposerons que cette propriété est vérifiée dans le cadre de la convection mantellique.

1.4.1 Analyse en terme de couche limite thermique

Dans un système convectif loin de l'équilibre, la température varie dans une région proche des surfaces externes et reste relativement homogène ailleurs. Dans cette région, dénommée couche limite thermique, la chaleur est transportée par conduction, contrairement au reste du système où la chaleur est transportée par advection. Ainsi, en notant θ la différence de température à travers la couche limite et δ son épaisseur, nous pouvons écrire la loi de Fourrier,

$$Q_s = k\frac{\theta}{\delta}. \tag{1.22}$$

L'estimation de l'épaisseur moyenne de la couche limite thermique peut se faire en équilibrant les différentes contributions agissant sur celle-ci. Ce type d'analyse a été mené dans le cas général de la convection thermique turbulente (dont le nombre de Prandtl est fini) par Long (1976) et repris par Sotin et Labrosse (1999) dans le cas purement visqueux, où le nombre de Prandtl est infini. Nous en reprenons ici les grandes lignes.

La couche limite d'un système convectif se définit comme une région dans laquelle les transferts de chaleur sont conductifs, par opposition aux autres régions dans lesquelle les flux de chaleurs sont advectifs. A l'interface entre ces deux régions, les transferts de chaleur conductifs et advectifs sont nécessairement en équilibre, ce qui induit que l'advection verticale de la température est en équilibre avec la diffusion. Cela se traduit par

$$w\frac{\theta}{\delta} \sim \kappa\frac{\theta}{\delta^2}, \tag{1.23}$$

où w est la vitesse moyenne verticale à la base de la couche limite. Lorsque le nombre de Prandtl est infini, les forces visqueuses équilibrent la poussée d'Archimède. Ceci nous fournit une estimation de la vitesse vertical w,

$$\eta\frac{w}{\delta^2} \sim \alpha g\rho_0\theta, \tag{1.24}$$

ce qui indique que

$$\delta^3 \sim \frac{\eta\kappa}{\alpha\rho_0 g\theta}. \tag{1.25}$$

Ce résultat est équivalent à postuler l'existence d'un nombre de Rayleigh critique pour la couche limite thermique. Lorsque le nombre de Rayleigh calculé sur celle-ci atteint cette valeur limite, la couche se déstabilise,

$$\text{Ra}_c = \frac{\alpha\rho_0 g\theta\delta^3}{\eta\kappa}. \tag{1.26}$$

la valeur numérique de ce nombre de Rayleigh critique n'est certainement pas celle du Rayleigh critique de déstabilisation du système tel que nous le décrirons dans le chapitre suivant. Nous postulons l'indépendance de ce nombre de Rayleigh critique en fonction des conditions convectives (température moyenne, nombre de Rayleigh) dans la mesure où l'on décrit un système dont la dynamique de la couche limite thermique est intrinsèque - la convection est suffisamment vigoureuse pour que la couche limite soit d'une épaisseur négligeable devant l'extension du système, impliquant une dynamique indépendante des conditions particulières dans lesquelles se trouve le système convectif. Néanmoins, ce nombre de Rayleigh dépend certainement des conditions aux limites imposées sur les surfaces externes, voire du rapport d'aspect de la cellule de convection envisagée.

En remplaçant l'épaisseur de la couche limite δ par son expression en fonction du Rayleigh critique (1.26), on peut écrire

$$Q_s = k\frac{\theta}{\delta} = k\frac{(\alpha\rho_0 g)^{1/3}(\theta)^{4/3}}{(\text{Ra}_c \eta \kappa)^{1/3}}. \tag{1.27}$$

Cette relation relie le flux de chaleur à la surface avec la différence de température entre la surface et le coeur de la cellule convective. Nous pouvons remarquer qu'en maintenant la différence de température à travers la couche limite thermique constante, cette relation ne dépend pas du mode de chauffage (interne ou externe).

Afin de proposer une relation parfaitement générale entre la vigueur de la convection et son efficacité, on préfère la décrire sous une forme paramétrique à l'aide de nombres sans dimension, caractéristiques de l'écoulement convectif. On ramène donc le flux de chaleur en surface, qui mesure l'efficacité de la convection, à celui qu'on aurait dans le cas purement conductif $Q_{cond} = k.\Delta T/L$, pour construire le nombre de Nusselt,

$$\text{Nu} = \frac{Q_{conv}L}{k\Delta T}. \tag{1.28}$$

où ΔT représente l'écart de température entre les deux surfaces extrêmes du système.

La vigueur de la convection se décrit à l'aide du nombre de Rayleigh, défini comme le rapport entre le produit des temps caractéristiques de diffusion de la chaleur et du moment d'inertie (les freins de la convection) et le carré du temps caractéristique de la poussée d'Archimède (le moteur de la convection),

$$\text{Ra} = \frac{\tau_d \tau_v}{\tau_{Arch}^2} = \frac{\alpha\rho_0 g \Delta T h^3}{\eta\kappa}. \tag{1.29}$$

Lorsque le nombre de Rayleigh est élevé, le temps caractéristique de la poussée d'Archimède est beaucoup plus court que celui de la diffusion de la chaleur et du transfert de moment d'inertie, la convection se révèle donc plus vigoureuse. Nous reviendrons dans le chapitre 2 sur la signification physique du nombre de Rayleigh.

L'expression du flux de chaleur (1.27) se traduit donc par

$$\text{Nu} = \left(\frac{\text{Ra}}{\text{Ra}_c}\right)^{1/3} \left(\frac{\theta}{\Delta T}\right)^{4/3} \tag{1.30}$$

Cette relation entre le nombre de Nusselt et le nombre de Rayleigh est de première importance pour les systèmes convectifs. Bien que nous l'ayons déduite de raisonnements très simples, elle est l'essence de la convection loin de l'équilibre. Elle découle naturellement de la description générale des systèmes convectifs. D'une manière générale, les systèmes convectifs sont décrits à l'aide des nombres de Rayleigh et de Prandtl, et l'efficacité de la convection est décrite par le nombre de Nusselt. Le nombre de Nusselt est nécessairement une fonction des nombres de Prandtl et de Rayleigh, $\text{Nu} = f(\text{Ra}, \text{Pr})$. Le comportement asymptotique à grand nombre de Rayleigh pour un nombre de Prandtl infini, du nombre de Nusselt peut être écrit sous la forme,

$$\text{Nu} = \alpha \text{Ra}^\beta. \tag{1.31}$$

Selon la relation (1.30), nous avons vu qu'en supposant l'efficacité de la convection indépendante de la taille de la boite, $\beta = 1/3$. Des études d'analyse de couche limite thermique plus rigoureuse amènent au même résultat pour une viscosité indépendante de la température (Priestley, 1959;

Turcotte et Oxburgh, 1967 ; Long, 1976 ; Olson et Corcos, 1980), tandis qu'une étude de Morris et Canright (1984) prévoit une valeur de 0.2 lorsque la viscosité dépend de la température.

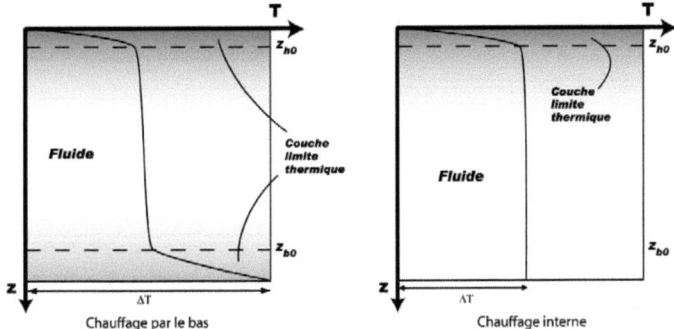

FIGURE 1.8 – *Selon que le fluide est chauffé par le bas ou de l'intérieur, le profil de température moyen présente une ou deux couches limites thermiques.*

Remarquons que selon l'expression (1.30), l'exposant β est indépendant du mode de chauffage, dans la mesure où le nombre de Rayleigh reste défini selon l'expression (1.29). Par contre, le terme de proportionnalité est fontion du mode de chaufffage. En effet, dans le cas d'un chauffage par le bas exclusif, le profil de température est symétrique par rapport au milieu de la boîte et les écarts de température à travers les couches limites sont identiques pour les deux couches (voir la figure 1.8). Ainsi, $\theta = \Delta T/2$ et le coefficient de proportionalité est de $1/(2)^{4/3}$. Dans le cas d'un chauffage interne, l'écart de température à travers la couche limite supérieure est égale à l'écart de température à travers toute la boîte, $\theta = \Delta T$ et le coefficient de proportionnalité est égal à 1.

1.4.2 Confrontation à l'expérience

La détermination expérimentale de l'exposant β montre qu'il est fortement dépendant des conditions imposées aux limites du système.

Olson (1987) a proposé une confrontation entre l'analyse en terme de couche limite thermique et un calcul numérique en élément fini. Il apparaît que l'analyse surestime systématiquement le flux de chaleur en surface par rapport au calcul numérique pour lequel $\beta < 1/3$ mais que les deux approches convergent lorsque le nombre de Rayleigh tend vers l'infini. Ce résultat est cohérent avec les valeurs expérimentales dont on trouvera une revue systématique dans Goldstein et al. (1990).

Dans la problématique du refroidissement de la Terre, la valeur de l'exposant est généralement prise de l'ordre de 0.3, la valeur du coefficient α étant déduite des conditions actuelles. Christensen (1985) a proposé un modèle de refroidissement de la Terre dans lequel le flux de chaleur en surface est faiblement dépendant de la température du système ($\beta = 0.05$). Cependant, les expériences de Giannandrea et Christensen (1993) de convection à viscosité variable et de surface libre ont amené ce même auteur à réfuter cette hypothèse et à proposer un exposant plus grand (de l'ordre de 0.2). Gurnis (1989) à l'aide d'un modèle incluant les effets liés à la subduction, démontre qu'à viscosité variable, le flux de chaleur est faiblement dépendant de la température lorsque la convection s'effectue sous une couche mince stagnante mais redevient fortement dépendant de la température (*i.e.* $\beta \sim 0.3$) lorsqu'on inclut les effets de la subduction. Ces différents résultats nous amènent à considérer dans notre modélisation un exposant β de l'ordre de 0.2 à 0.3.

Pour modéliser la dépendance en température de la viscosité, nous prendrons une loi de déformation par diffusion

$$\eta = \eta_0 \exp(A/T) \tag{1.32}$$

où $A = Q_a/R$, Q_a étant l'énergie d'activation (de l'ordre de 350 kJ.mol^{-1}, en supposant que l'énergie d'activation du manteau soit celle de l'olivine, selon Hirth & Kohlstedt (1995)) et R la constante des gaz parfaits.

Afin de conclure sur l'expression du flux de chaleur en fonction de la température, revenons sur la relation (1.27),

$$Q_s = k \frac{(\alpha \rho_0 g)^{1/3} (\theta)^{4/3}}{(\mathrm{Ra}_c \eta \kappa)^{1/3}} \tag{1.33}$$

En remarquant que dans cette expression seuls la viscosité et l'écart de température dépendent de la température interne, on peut la reformuler sous la forme,

$$Q_s(T) \frac{\eta(T)^{1/3}}{(T - T_s)^{4/3}} = Cte, \tag{1.34}$$

Où T est la température interne et T_s la température de surface. Ainsi, si l'on connaît le flux de chaleur à une certaine température, T_0, nous pouvons écrire le flux de chaleur à toute température,

$$\begin{aligned} Q_s(T) &= Q_s(T_0) \frac{\eta(T_0)^{1/3}}{\eta(T)^{1/3}} \frac{(T_0 - T_s)^{4/3}}{(T - T_s)^{4/3}} \\ &= Q_s(T_0) \exp(\frac{A}{3}(\frac{1}{T_0} - \frac{1}{T})) \frac{(T_0 - T_s)^{4/3}}{(T - T_s)^{4/3}}. \end{aligned} \tag{1.35}$$

En utilisant la dépendance en température décrite ci-dessus. Cette expression présente l'avantage de s'affranchir de la connaissance des différents paramètres α, κ, etc... Seule la connaissance de la dépendance de la viscosité avec T suffit pour décrire les variations du flux de chaleur en fonction de la température.

1.5 Résolution numérique

Reprenons l'équation (1.6),

$$\Phi \frac{d\bar{T}}{dt} = Q_{Rad} + Q_n - Q_s, \tag{1.36}$$

dont chaque terme a été étudié précédemment et dont nous proposons de reprendre sommairement les expressions avant d'en envisager la résolution.

Le terme de refroidissement séculaire, $\Phi d\bar{T}/dt$ est simplement décrit à l'aide de la capacité calorifique efficace, Φ. Sans inclure les effets liés à la contraction thermique, sa valeur est de 4.94×10^{27} JK^{-1}. En incluant cet effet, la capacité calorifique efficace est augmentée d'environ 10 % pour atteindre 5.3×10^{27} JK^{-1}.

Les termes de production de chaleur ont pour expression générale, en utilisant la notation d'Ein-

Résolution numérique   31

$$Q_{prod} = (Q_{Rad}^0 - Q_c^0)C_i\,\mathrm{e}^{-\lambda_i t} + (1 - f(t)).Q_c^0 C_i'\,\mathrm{e}^{-\lambda_i t} + Q_{seg}$$

variables	valeurs dans le cas "standard"	fourchette de latitude
Q_{Rad}^0	20 TW	19 – 24 TW
Q_c^0	8 TW	5 – 10 TW
C_{238_U}	0.3915	
C_{235_U}	1.25×10^{-4}	
C_{Th}	0.435	
C_K	0.173	
C'_{238_U}	0.461	
C'_{235_U}	1.4×10^{-4}	
C'_{Th}	0.516	
C'_K	0.023	
λ_i	$\ln 2\,/\,t_{1/2}$, avec $t_{1/2}$ dans le tableau 1.1	
$f(t)$	1	voir figure 1.7
Q_{seg}	0 TW	voir figure 1.7

TABLE 1.3 – *Les paramètres du terme de production de chaleur. Pour simplifier l'expression de ce flux, nous avons employé la notation d'Einstein.*

stein, afin d'en simplifier l'expression,

$$Q_{prod} = (Q_{Rad}^0 - Q_0)C_i\,\mathrm{e}^{-\lambda_i t} + (1 - f(t)).Q_c^0 C_i'\,\mathrm{e}^{-\lambda_i t} + Q_{seg}$$
$$\text{où } i = {}^{238}\mathrm{U}, {}^{238}\mathrm{U}, \mathrm{Th}, \mathrm{K} \tag{1.37}$$

Les valeurs des différents paramètres sont exposés dans le tableau 1.3. Nous proposons les valeurs usuelles telles qu'elles ont été utilisées dans le cas "standard" par les différents auteurs qui se sont intéressés à cette problématique et nous fournissons une échelle de variations acceptable pour les paramètres les moins contraints.

Le flux de chaleur de référence évacué par la convection est le flux moyen mesuré auquel il convient de retrancher la composante liée à la production radiogénique de la croûte,

$$Q_s = (Q_s^0 - Q_c^0)\left(\frac{T - T_s}{T_0 - T_s}\right)^{\beta+1} \exp(A(\frac{1}{T_0} - \frac{1}{T})\beta) \tag{1.38}$$

T_s est la température en surface, tandis que T_0 est la température actuelle moyennée en volume du manteau. Le choix de la température T est important dans l'expression du flux de chaleur Q_s. Nous choisissons de prendre la température moyennée sur le volume, en accord avec les différentes études de la relation Nusselt-Rayleigh à viscosité variable. Cette température est légèrement différente de celle qui a été définie par la relation (1.5), cependant, en utilisant le modèle thermodynamique de

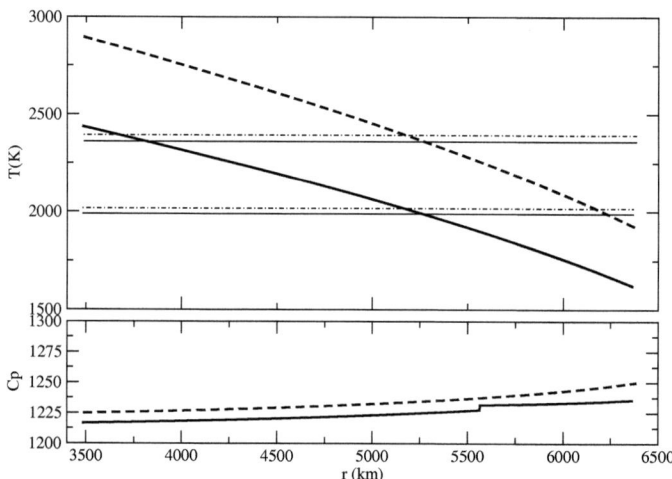

FIGURE 1.9 – *Température moyenne dans le manteau en fonction de la profondeur. En continu, l'état actuel, en pointillé, profil de température pour un accroissement de le température de surface de 300 K. Les traits fins continus représentent la valeur moyenne volumique, tandis que les traits fins discontinus représentent la valeur moyenne calculée à partir de la capacité calorifique, selon (1.5). La figure du bas représente les capacités calorifiques correspondantes. Le saut de capacité calorifique dans le régime actuel est lié au changement de comportement des matériaux mantelliques à* 1900 °K *(valeurs selon Matas, 1999).*

Terre décrit à la section 1.3.2, il apparaît que ces deux températures sont sensiblement égales, compte tenu de la faible variation de la capacité calorifique avec la profondeur (voir la figure 1.5)

Les valeurs numériques de ces paramètres et leur échelle de variation sont décrites dans le tableau 1.4

Peu d'informations sur la température passée de la Terre sont accessibles à la mesure. Cependant, comme nous l'avons déjà évoqué, l'analyse des komatiites (Nisbet *et al.* , 1995) indique que la température à l'Archéen (3.2 Milliard d'années) n'excédait pas la température actuelle de plus de 200 à 300 °K.

Le cas standard, tel qu'il a été défini dans les différents tableaux de valeurs ne permet pas de satisfaire cette contrainte. En effet, on obtient une température infinie il y a 2 Milliards d'année (voir la figure 1.10, en gras continu). Pour avoir une température raisonnable à l'Archéen, nous avons besoin d'une production radiogénique de l'ordre de 32.2 TW (figure 1.10, en gras pointillé). C'est ce résultat aberrant qui a amené les géodynamiciens à revoir les différents paramètres entrant en jeu et à envisager d'autres sources de chaleur.

Cela indique peut-être que l'efficacité de l'évacuation de la chaleur n'est pas aussi bien corrélée à la température que ce que nous avions supposé. Pour tester cela, il suffit de réduire la valeur de l'exposant β. Mais même en supposant que le flux de chaleur est indépendant de la température (*i.e.* $\beta = 0$), il est nécessaire d'envisager une production radioactive légèrement élevée pour obtenir une température acceptable à l'Archéen (figure 1.10, en trait continu). Nous avons vu qu'un tel exposant β n'est pas acceptable, car aucune expérience de convection, numérique ou analogique n'a permis

$Q_s = (Q_s^0 - Q_c^0)\left(\frac{T-T_s}{T_0-T_s}\right)^{\beta+1}\exp(A(\frac{1}{T_0}-\frac{1}{T})\beta)$		
variables	valeurs dans le cas "standard"	fourchette de latitude
Q_s^0	42 TW	42 – 44 TW
T_s	300 K	
T_0	2000 K	
β	$\frac{1}{3}$	0.2-0.3333
$A = Q_a/R$	$Q_a = 350\,\text{kJ/mol}$	$Q_a = 250 - 450\,\text{kJ/mol}$
Q_n	3.5 TW	3 – 6 TW

TABLE 1.4 – *Les paramètres de l'évacuation convective de la chaleur.*

d'observer cela. En prenant $\beta = 0.2$ (correspondant à la valeur théorique pour une viscosité variable), une production radiogénique de 28.8 TW est nécessaire pour expliquer les observations géologiques.

Il est donc nécessaire d'inclure des phénomènes d'un autre ordre pour allier les contraintes géochimiques et minéralogiques. Augmenter la capacité calorifique en incluant l'effet de la contraction thermique ne suffit pas (figure 1.11, pointillé) à réduire l'apport nécessaire d'énergie radioactive. Par contre, en envisageant l'effet lié à la création des continents et de la couche D", à savoir, relâchement d'énergie gravitationnelle et incorporation des éléments radioactifs de la croûte dans le manteau lorsqu'on remonte le temps, 27.6 TW de production radiogénique sont nécessaires pour obtenir une température correcte à l'Archéen (figure 1.11, gras-continu). Les flux de chaleur en surface et la production radiogénique pour un tel cas est représenté figure 1.12

Le but de cette étude n'est pas tant de construire un modèle thermique de Terre qui satisfasse à 100 % les contraintes observationnelles que d'explorer le champ des possibilités au sein de ces mêmes contraintes. En se positionnant sur les valeurs limites des tableaux 1.3 et 1.4 ($Q_s^0 = 42$ TW, $Q_n = 6$ TW, $Q_c^0 = 10$ TW, $A = 250\,\text{kJ/mol}$, correspondant à l'olivine mouillée), nous obtenons un profil de température optimal, qui nous fournit la limite inférieure pour l'histoire thermique de la Terre (figure 1.11, gras-discontinu).

Dans le cadre de nos approximations, le profil thermique de la Terre se situerait entre les deux courbes épaisses de la figure 1.11. Au-delà de la discussion de la valeur exacte des variables qui interviennent dans la paramétrisation, il apparaît clairement que la formation des continents joue un rôle crucial dans la compréhension de l'histoire thermique de la Terre. Cela avait déjà été mis en évidence par Spohn & Breuer (1993) et fait l'objet d'une étude récente par Grigné & Labrosse (2001). Dans ces conditions, la Terre aurait traversé une période de réchauffement dans le premier milliard d'année de son existence précédant l'état de refroidissement actuel. Pour que cela soit possible, il est nécessaire que la température du manteau à la fin de la période de ségrégation du noyau ait été relativement basse. Un certain nombre de questions émergent quand à la compatibilité d'un tel modèle avec les contraintes observationnelles et les modèles de Terre primitive.

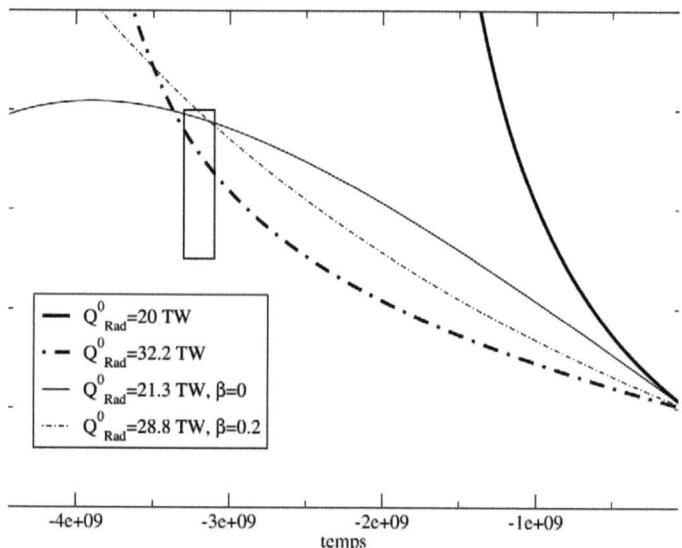

FIGURE 1.10 – *Evolution de la température calculée dans les conditions "standard". Le rectangle délimite la région dans laquelle la température doit nécessairement se trouver du fait des contraintes minéralogiques*

1.6 Un modèle incluant l'histoire de la Terre primitive.

1.6.1 La formation de la Terre et les modes de convection initiaux

L'hypothèse d'une Terre "froide" il y a 4 milliards d'années semble en contradiction avec l'état initial dans laquelle la Terre se trouvait juste après l'accrétion. Le processus de formation de la Terre par accrétion emmagasine une grande quantité de chaleur à l'intérieur de la Terre. En effet, bien qu'on puisse supposer que l'accrétion soit froide durant la formation des embryons de planètes, l'existence de la lune semble indiquer que des impacts géants aient eu lieu sur la fin de la période d'accrétion (Wetherill, 1990, Melosh, 1990). Ceux-ci fournissent une grande quantité d'énergie sous forme de chaleur à l'intérieur de la Terre (Safronov, 1978). D'autre part, la ségrégation de la Terre primitive en noyau et manteau a certainement favorisé de grands brassages de matière, impliquant une uniformisation de la température et des sources de chaleur. Ces sources de chaleur sont d'une part la chaleur advectée de la surface vers l'intérieur par les matériaux plus denses et d'autre part la conversion de l'énergie gravitationnelle relâchée par ces mêmes matériaux en dissipation visqueuse tendant à réchauffer le milieu environnant. On peut donc raisonnablement faire l'hypothèse que la Terre était chaude, présentant des sources de chaleur uniformément réparties dans les premières centaines de millions d'années de son existence (Davies, 1990). L'énergie gravitationnelle pour construire la Terre est de l'ordre de 2.2×10^{32} J, l'énergie libérée par ségrégation est de l'ordre de 1.7×10^{31} J. L'énergie libérée par la création de la Terre sous sa forme différenciée, en noyau et manteau est donc de l'ordre de 2.4×10^{32} J. En considérant que 15 % de cette énergie ont été déposés dans la Terre en

Un modèle incluant l'histoire de la Terre primitive.

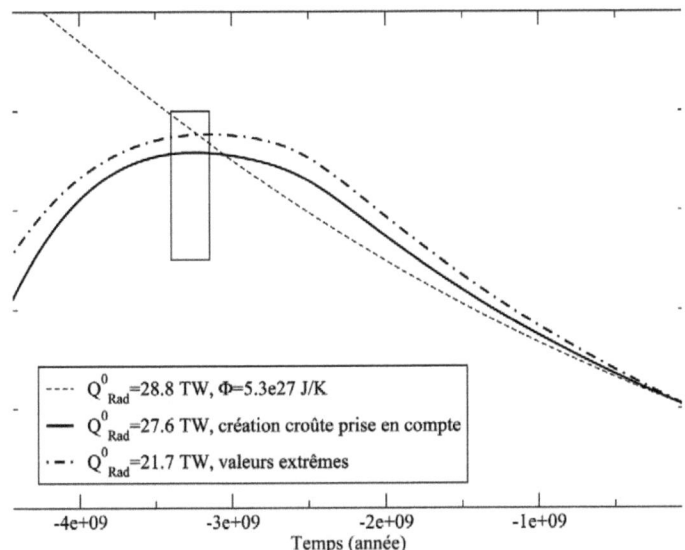

FIGURE 1.11 – *évolution de la température calculée en prenant en compte l'effet de la contraction terrestre (pointillé fin), l'effet de la création des continents (trait gras continu) et dans les conditions les plus optimales des différents paramètres (trait gras discontinu).*

profondeur, on peut estimer l'énergie à libérer à la fin de son processus de création comme étant de l'ordre de 3.5×10^{31} J. Soit suffisamment d'énergie pour augmenter la température de la Terre de 6600°K avec la capacité calorifique calculée précédemment.

L'évacuation d'une telle quantité d'énergie met en oeuvre des processus de convection bien plus efficaces que les processus classiques actuellement observés sur la Terre. L'évacuation de chaleur par advection de roches fondues à travers une croûte froide prend un rôle prédominant. Différents auteurs ont considéré ce type de convection. Davies (1990) propose un modèle en couche limite d'évacuation de la chaleur par advection de roche en fusion. Il trouve que le flux de chaleur en surface est bien supérieur à celui trouvé dans le cas de la convection sans extraction de lave. De la même manière, Monnereau & Dubuffet (2001) proposent un modèle de convection pour Io dans lequel, l'advection en surface joue un rôle prédominant pour l'évacuation de la chaleur. Toutes leurs expériences ont révélé le même comportement : les hautes températures ont tendance à se focaliser sur des canaux à la base de panache, tandis que les matériaux inter-canaux restent très froid. De cette façon, la température moyenne interne est beaucoup plus basse que dans un modèle de convection plus traditionnel (voir la figure 1.13).

Ainsi, pour schématiser, lorsque l'évacuation de la chaleur à travers un gradient de température de couche limite ne devient pas assez efficace, il est probable que l'énergie s'évacue par advection puis rayonnement de roche fondue en masse. Ce mode de transfert de la chaleur est tellement efficace que la température globale est fortement baissée par rapport au cas de la convection plus traditionnelle. Bien qu'il soit difficile de faire des modèles pour le premier milliard d'années de la Terre, compte

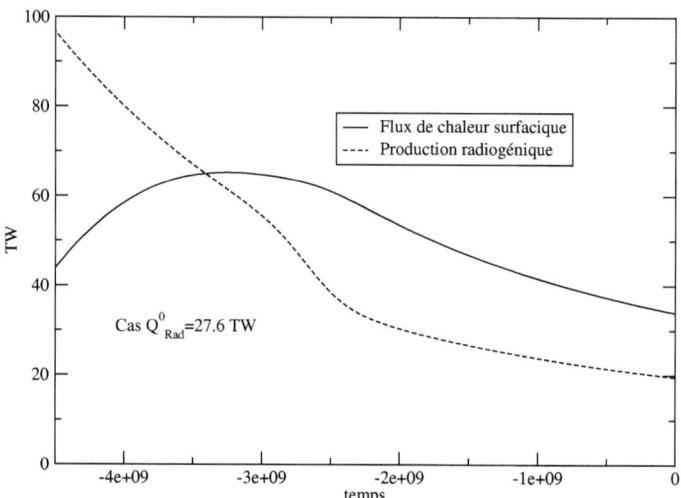

FIGURE 1.12 – *flux de chaleur à la surface, évacué par la convection et production radiogénique pour le modèle incluant l'effet de création de la croûte.*

tenu du manque de données, nous pouvons faire l'hypothèse que dans sa "jeunesse", la Terre a développé des modes de convection beaucoup plus efficaces que celui que nous observons actuellement, du type de celui de Io. Ainsi, la température moyenne de la Terre n'était pas nécessairement très haute, l'évacuation de la chaleur se faisant le long de canaux par advection de roche en fusion puis rayonnement de la chaleur en surface. Afin de quantifier l'efficacité d'un tel mode de convection et le temps nécessaire pour revenir à un mode de convection plus traditionnel, nous en proposons un modèle en couche limite.

1.6.2 Modèle en couche limite de l'évacuation de la chaleur par advection

Efficacité de ce mode de convection

Considérons une boîte de taille $L \times L$ et de profondeur égale à l'unité, constituée d'une région solide sur une hauteur h surplombant une région totalement fondue, à la température de fusion T_m. Ce système présente une surface libre de température nulle (voir la figure 1.14). Les matériaux sont réchauffés de l'intérieur par la radioactivité. La température du solide est une fonction de la profondeur, nous la noterons $T(z)$. La partie solide est soumise à un mouvement descendant, à la vitesse u tandis qu'un canal de largeur δ connecte la région chaude, fondue, à la surface libre. Arrivés à la surface, ces matériaux sont immédiatement refroidis et alimentent la région solide. Nous nous placerons dans les conditions de Boussinesq et considérerons que les deux phases sont soumises à l'équation de Stokes, c'est à dire que les effets inertiels sont négligeables devant les effets de la gravitation et de la dissipation visqueuse.

Dans de telles conditions, le débit massique dans le canal doit être égal au débit massique des-

Un modèle incluant l'histoire de la Terre primitive.

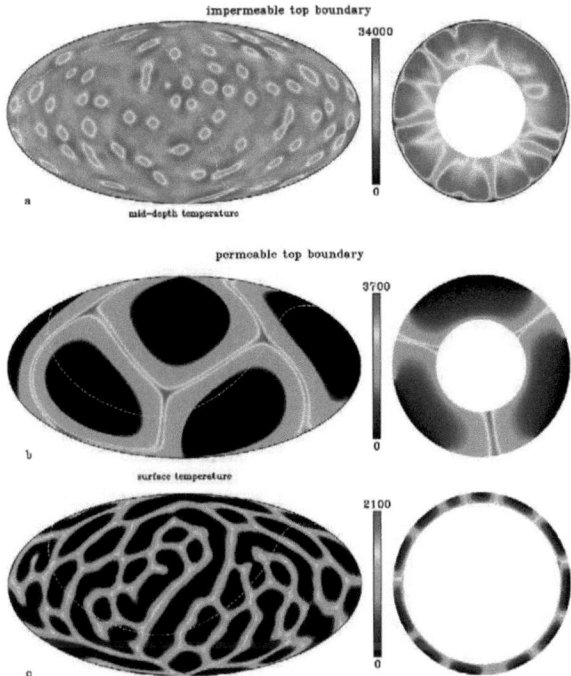

FIGURE 1.13 – *Modèle de convection selon Monnereau & Dubuffet (2001). En haut, une expérience de convection classique avec des conditions de surface imperméable, au milieu et en bas, deux expériences de convection du type Io, dans laquelle la surface extérieure est perméable.*

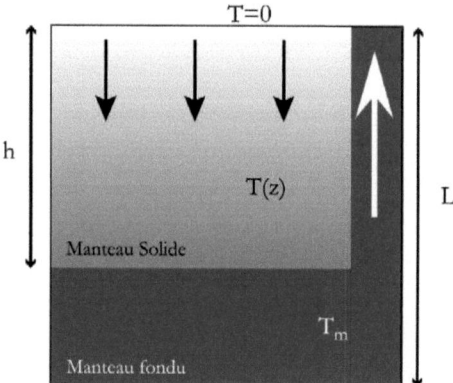

FIGURE 1.14 – *Configuration spatiale du système convectif/advectif. Le manteau fondu remonte à travers le manteau solide et se resolidife en surface.*

cendant des matériaux solides. Dans le cadre de l'approximation de Boussinesq, les hétérogénéités de densités ne sont pas considérées dans la conservation de la masse et le débit massique au sein du canal est $\rho_0 v \delta$ tandis que le flux de masse solide est égal à $\rho_0 u(L - \delta)$. Ainsi, la conservation de la masse s'écrit

$$u(L - \delta) = v\delta \quad (1.39)$$

Les énergies cinétiques étant négligeables devant le travail des forces, la dissipation visqueuse équilibre nécessairement le travail des forces gravitaires. Le fluide remonte dans le canal car il est plus léger que le solide environnant. Sa densité est $\rho_0 - \alpha\rho_0(T_m - T(z))$ et il est soumis à la poussée d'Archimède, $\alpha\rho_0 g(T_m - T(z))$. La puissance développée par cette force est donc la somme dans tout le fluide du produit de cette force par la vitesse de l'écoulement,

$$W_g = \int_0^h \alpha\rho_0 g(T_m - T(z))v\delta \, \mathrm{d}z \quad (1.40)$$

Les gradients de vitesse dans le canal sont de l'ordre de v/δ, les contraintes sont donc de l'ordre de $\eta v/\delta$. Elles s'appliquent sur une surface h, la dissipation par frottement visqueux est donc de l'ordre de

$$W_v = \eta \frac{v^2 h}{\delta} \quad (1.41)$$

Afin de déterminer la vitesse d'équilibre qui permet d'égaliser ces deux quantités, la détermination du profil de température dans le solide est nécessaire. Lorsqu'ils plongent, les matériaux froids sont réchauffés par la production de chaleur radioactive massique, a. Cela se traduit par l'égalité,

$$\rho_0 c_p u \partial_z T(z) = \rho_0 a \quad (1.42)$$

Nous considérerons par souci de simplicité que tous les coefficients de cette équation sont constants, la température dans le solide croît donc linéairement avec la profondeur, selon,

$$T(z) = \frac{a}{c_p u} z$$
$$= T_m \frac{z}{h} \quad (1.43)$$

en considérant que la température est égale à T_m à la profondeur h.

Dans ces conditions, la vitesse de remontée du fluide dans le canal est

$$v = \frac{1}{2} \frac{\alpha \rho_0 g T_m \delta^2}{\eta} \quad (1.44)$$

Nous avons vu que l'efficacité d'un régime de convection est caractérisée par le flux de chaleur en surface. En considérant que toute la chaleur du fluide est immédiatement transmise au milieu extérieur, on peut considérer que la quantité de chaleur évacuée par unité de temps est

$$Q_s = \rho_0 c_p v \delta T_m \quad (1.45)$$

En incluant l'expression de la vitesse trouvée ci-dessus, il vient

$$Q_s = \frac{1}{2} \frac{\alpha \rho_0^2 g c_p T_m^2 \delta^3}{\eta} \quad (1.46)$$

Dans les conditions de l'expérience, le flux de chaleur surfacique purement conductif nécessaire à la définition du nombre de Nusselt est $Q_{cond} = kT_m/L$, il vient donc $\text{Nu} = Q_s/(Q_{cond}L) = Q_s/(kT_m)$. De l'expression du flux de chaleur émerge naturellement une expression du nombre de Rayleigh propre à la géométrie du système,

$$\text{Ra}_{melt} = \frac{\alpha \rho_0^2 g c_p T_m L^3}{\eta}. \quad (1.47)$$

Le suffixe *melt* a été introduit afin de ne pas confondre cette expression avec celle qui sera introduite ultérieurement. L'introduction de ces deux grandeurs caractéristiques de l'écoulement dans l'expression du flux de chaleur surfacique conduit à la relation entre les nombres de Rayleigh et de Nusselt,

$$\text{Nu} = \frac{1}{2} \text{Ra}_{melt} (\frac{\delta}{L})^3. \quad (1.48)$$

Cette expression est à comparer à l'équation (1.30). La convection apparait beaucoup plus efficace lorsque l'advection de matière fondue est autorisée.

Dans la modélisation de Io par Monnereau & Dubuffet (2001), le paramètre important n'est pas la température de fusion des roches T_m mais le taux de production de chaleur interne a. Le nombre de Rayleigh Ra_{int} pour les systèmes chauffés de l'intérieur s'exprime

$$\text{Ra}_{int} = \frac{c_p \alpha \rho_0^3 a g L^5}{\eta k^2}. \quad (1.49)$$

Afin d'exprimer le nombre de Nusselt en fonction de ce nombre de Rayleigh, il est nécessaire d'exprimer la vitesse v en fonction de a plutôt que de T_m. Remplaçant T_m par son expression en fonction de a, la vitesse dans le canal s'exprime

$$v = \frac{1}{2} \frac{\alpha\rho_0 g a \delta^2}{c_p u \eta}. \tag{1.50}$$

La conservation de la masse s'exprime $u = v\delta/(L-\delta)$. Intégrant cette relation à l'expression de v, il vient,

$$v^2 = \frac{1}{2} \frac{\alpha\rho_0 g H \delta(L-\delta)}{c_p \eta}. \tag{1.51}$$

Le flux de chaleur Q_s s'écrit donc

$$Q_s = kT_m \frac{1}{\sqrt{2}} \sqrt{\frac{\mathrm{Ra}_{int}\delta^3(L-\delta)}{L^5}}. \tag{1.52}$$

Ainsi, la relation entre le nombre de Nusselt et le nombre de Rayleigh,

$$\mathrm{Nu} = \frac{1}{\sqrt{2}} \sqrt{\frac{\delta^3}{L^3}(1-\frac{\delta}{L})} \sqrt{\mathrm{Ra}_{int}} \tag{1.53}$$

Cette relation est en parfait accord avec les résultats numériques trouvés par Monnereau & Dubuffet (2001).

Contrainte sur le temps d'évacuation de la chaleur pour la Terre primitive

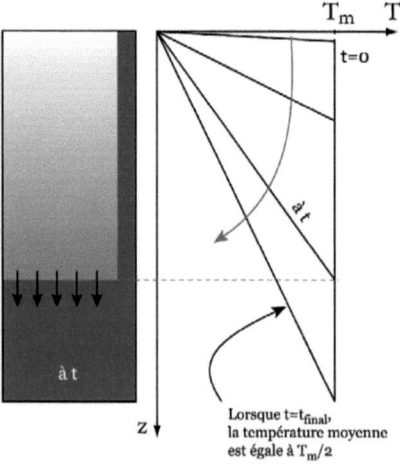

FIGURE 1.15 – *Le profil de température évolue au cours du temps. Initialement tout le manteau est liquide, puis l'interface solide/liquide s'enfonce au fur et à mesure que le système se refroidit.*

Revenons maintenant sur le problème du refroidissement de la Terre durant les premiers millions d'années de son existence. Supposons que la température dans le manteau à la fin de la période d'accrétion était suffisamment élevée pour que le manteau soit partiellement fondu et qu'un régime de convection identique à celui qui vient d'être décrit ait été prédominant. Le manteau évacue sa chaleur selon l'expression (1.46) et il est réchauffé en masse par la radioactivité. Ainsi, sa température moyenne évolue selon la différence entre le flux de chaleur sortant et la production de chaleur radiogénique,

$$\Phi \frac{dT}{dt} = H_{tot} - Q_s \qquad (1.54)$$

Afin de déterminer le temps maximal qu'il a fallu pour que l'ensemble du système soit gelé, nous allons supposer que la température initiale est T_m (tout le manteau est fondu) et la température finale, $T_m/2$ (tout le manteau est solide, voir la figure 1.15). Pour la résolution de cette équation, nous avons utilisé les paramètres repris dans le tableau 1.5. où nous avons moyenné les différentes contributions à la production radiogénique. Avec un rapport δ/L de 0.05 (les canaux représentent 5 % de la surface totale), 95 millions d'années suffisent à ramener le manteau dans un état solide. Si l'on considère que les zones d'évacuation de la chaleur par advection des magmas représentent 10 % de la superficie totale, ce temps chute à 11 millions d'années.

$\Phi \frac{dT}{dt} = -Q_s + H_{tot}$					
Avec $Q_s = \frac{1}{2} \frac{\alpha \rho_0^2 g c_p T_m^2 \delta^3}{\eta}$ et $H_{tot} = H_0 \exp(-\lambda_0 t)$					
variables	valeurs	variables	valeurs	variables	valeurs
α	$6 \times 10^{-5}\,\text{K}^{-1}$	ρ_0	$4500\,\text{kg.m}^{-3}$	g	$10\,\text{m.s}^{-2}$
c_p	$1235\,\text{J.K}^{-1}.\text{kg}^{-1}$	T_m	$3500\,\text{K}$	η	$10^{14}\,\text{Pa.s}$
L	$3000\,\text{km}$	H_0	$77.3\,\text{TW}$	λ_0	$8.85 \times 10^{-16}\,\text{s}^{-1}$

TABLE 1.5 – *Les paramètres du modèle de convection avec évacuation par advection de la chaleur.*

Cette étude montre qu'il est raisonnable d'envisager que la Terre s'est refroidie très rapidement après son advection. Nous pourrons considérer que cent millions d'années après la phase de bombardement intensif le manteau terrestre était gelé, sa température moyenne étant descendue de l'ordre de la moitié de la température de fusion de la pérovskyte.

Un point crucial à respecter pour que ce modèle reste cohérent avec les résultats développés plus haut est la présence en grande quantité dans le manteau des éléments incompatibles jusqu'à -2.5 milliard d'année. Sans cela, notre hypothèse de présence de tous les éléments radiogéniques dans le manteau avant la formation des continents est invalidée. Dans l'hypothèse de l'évacuation de la chaleur par advection, le taux de fusion est beaucoup plus élevé que dans le régime de convection actuellement observé. Dans ces conditions, la fusion ne sélectionne pas particulièrement les éléments les plus légers et la partie solide qui se forme en surface n'est rien d'autre que du manteau fondu. Le manteau n'est donc pas appauvri en éléments radiogéniques dans le processus de fusion.

Nous proposons donc d'inclure dans les modèles de refroidissement de la Terre cette hypothèse d'une Terre qui dans ses cinq cents premiers millions d'années a déjà évacuée la chaleur liée à l'accrétion et la ségrégation. Notons que ce scénario n'est pas vraiment nouveau, il a déjà été esquissé dans les modèles thermiques de Terre primitive mais a surtout été discuté dans le cadre de l'existence ou non d'un océan primitif.

1.6.3 Un modèle thermique global de la Terre

Nous proposons un modèle thermique incluant les grandes phases convectives de la Terre en trois grandes étapes. L'évolution de la température issue de ce modèle est représentée figure 1.6.3.

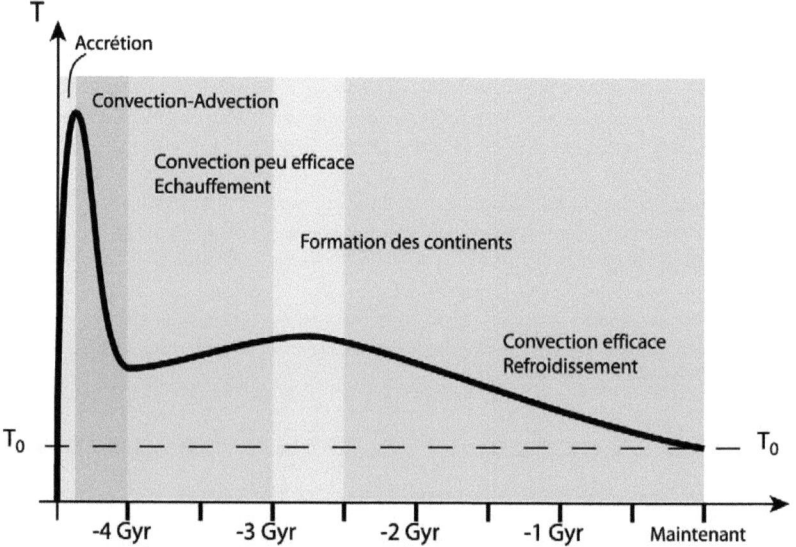

FIGURE 1.16 – *Un scénario possible pour expliquer certains paradoxes de l'histoire thermique de la Terre. La phase d'accrétion enfouit une grande quantité d'énergie et tend à réchauffer la Terre. Elle est suivie par une phase d'intense convection du type Io, phase qui se termine lorsque la température est suffisamment froide pour qu'aucun mouvement ne puisse avoir lieu. La phase suivante voit la température de la Terre augmenter du fait de la faible efficacité de la convection jusqu'à ce que la température soit suffisamment élevée pour enclencher la tectonique des plaques.*

1. **accrétion de la Terre et évacuation de la chaleur par convection-advection** : cette étape suit le schéma proposé par Davies (1990).

   La Terre se forme par accrétion. Initialement, ce processus produit peu de chaleur, jusqu'à ce que suffisamment d'objets de grosse taille s'agglomèrent par des impacts géants, source de chaleur en profondeur. La croissance initiale de corps atteignant des masses de l'ordre de 10^{23} kg nécessite une centaine de milliers d'années. Le couple Terre-lune est le produit de l'agglomération d'une centaine de ce type de corps, on estime généralement que 100 millions d'années sont nécessaires pour finaliser ce processus (Wetherill, 1990). Cette phase de bombardement de planétésimaux stocke environ 15 % de l'énergie cinétique des planétésimaux sous forme de chaleur en profondeur.

   Ce processus est suivi par une convection d'origine chimique dans laquelle les éléments sidérophiles vont accompagner le Fer pour créer le noyau. Cette phase convertit l'énergie gravitationnelle en chaleur par frottement visqueux. Elle est plus ou moins longue selon la température moyenne de la Terre (donc sa viscosité moyenne), mais il est certain que ce processus tend à s'auto-accélérer, les blobs de métal chaud, ayant tendance à répartir les fortes chaleurs surfaciques en profondeur. L'analyse des isotopes principaux (Oversby & Ringwood, 1971, Davies, 1984) permet d'estimer que le noyau s'est formé dans les 100 millions d'années qui ont suivi la formation de la Terre par agglomération de météorites.

Le processus de formation de la Terre est extrêmement court et laisse une forte quantité d'énergie dans la Terre profonde. Cette énergie est libérée très rapidement, principalement par advection de roches en fusion ,en une centaine de millions d'années, selon un mode de convection du type Io (Monnereau & Dubuffet, 2001) analogue à celui qui vient d'être présenté. Ce mode de convection maintient la température moyenne relativement basse, la Terre atteint très vite un état "gelé" pour lequel la température interne est de même ordre de grandeur que la température actuelle du manteau.

2. **convection "froide" et montée en température** :

Une fois la chaleur d'accrétion évacuée, la surface de la Terre se fige, la viscosité étant très forte. La production radiogénique élève la température du manteau. Les modes de convection sont différents de ceux que nous observons actuellement. Cette période s'étendrait jusqu'à - 3 milliards d'années. Deux possibilités sont à envisager. La surface de la Terre est gelée et la convection ressemble aux modèles classiques de convection à viscosité variable dépendant de la température. Les mouvements convectifs ont lieu sous une couche épaisse immobile. Une autre possibilité consiste en une convection "en masse", lente (dans le sens plus lente qu'actuellement) qui entraîne tout le manteau, les panneaux plongeants étant suffisamment âgés pour entraîner la croûte. Ces deux hypothèses sont conjoncturelles. La caractéristique principale de cette phase est le faible taux de création des continents et la faible efficacité de l'évacuation de la chaleur. Celle-ci rend la production radiogénique supérieure au flux de chaleur surfacique (voir la figure 1.12) et la température augmente.

3. **régime actuel**

A - 3 milliards d'années, la température dans le manteau est telle que la convection est suffisamment rapide pour que la lithosphère plongeante soit trop jeune pour entraîner la croûte. Le manteau intensifie son appauvrissement en éléments radiogéniques. La croûte est créée en quelques centaines de millions d'années et la production de chaleur devient inférieure à la chaleur évacuée. C'est la situation actuelle, la chaleur évacuée correspond à la production radiogénique intense qui a eu lieu durant la deuxième phase mais qui n'a pas été évacuée du fait de la faible efficacité de la convection solide à basse température.

Ce modèle qualitatif n'a pas la prétention d'être un scénario effectif pour la Terre. Cependant il permet d'expliquer un certain nombre d'observables qui sont restés de grandes énigmes durant les deux dernières décennies. En particulier, comment la Terre peut-elle évacuer deux fois plus de chaleur qu'il n'en est produit alors qu'il est clair que sa température n'a pas exécédé de plus de 300° la température actuelle ?

Afin d'être validé, ce modèle demanderait une exploration plus quantitative du passage du mode de convection très efficace, mettant en jeu l'advection de roche fondue à travers la croûte froide, à un état gelé, où tout le manteau serait "froid".

Références

BATCHELOR, G.K. (1967), *An introduction to Fluid Dynamics*, Cambridge University Press.

CHOUKROUNE, P., LUDDEN, J.N., CHARDON, D., CALVERT, A.J. & BOUHALLIER, H. (1997), Archean crustal growth and tectonic processes : a comparison of the superior province, Canada and the Dharwar craton, India, *Geological Society Special Publications*, No 121, Orogeny Through time, Burg J.P. & Ford, M. Editors, pp63–98.

CHRISTENSEN, U. R. (1985), Thermal Evolution Models for the Earth, *J. Geophys. Res.*, **90** N0 B4, pp2995–3007

COLTICE, N. & RICARD, Y. (1999), Geochemical observations and one layer mantle convection, *Earth Planet. Sci. Lett.*, **174**, pp125–137.

DAVIES, G.F. (1980), Thermal histories of Convective Earth Models and Constraints on Radiogenic Heat Production in the Earth. *J. Geophys. Res.*, **85**, No B5, pp2517–2530.

DAVIES, G.F. (1984), Geophysical and isotopic constrints on mantle convection : an interim synthesis. *J. Geophys. Res.*, **89**, pp6017–6040.

DAVIES, G.F. (1990), Heat and mass transport in the early Earth. in *Origin of the Earth*, Oxford Univ. Press, NY, Newson & Jones Ed.

DAVIES, G.F. (1999), Dynamic Earth, Cambridge University Press.

DESPARIS, V. & LEGROS, H. (2000), Voyage à l'intérieur de la Terre, Paris, CNRS Editions.

DRURY, M.R. & FITZ GERALD J.D. (1998), Mantle rheology : insights from Laboratory Studies of Deformation and Phase Transition. Chapter 11 in *The Earth's Mantle : Composition, Structure and Evolution*, Edited by Ian Jackson, Cambridge University Press, Cambridge

DZIEWONSKI, A. M. & ANDERSON, D.L. (1981), Preliminary reference Earth model. *Phys. Earth Planet. Inter.*, **25**, pp297–356.

GIANNANDREA, E. & CHRISTENSEN, U. (1993), Variable viscosity convection experiments with a stress-free upper boundary and implications for the heat transport in the earth's mantle, *Phys. Earth Planet. Inter.*, **78**, pp139–152.

GOLDSTEIN, R.J., CHIANG, H.D. & SEE, D.L. (1990), High-Rayleigh-Number convection in a horizontal enclosure, *J. Fluid. Mech.*, **213**, pp111–126.

GRIGNÉ, C. & LABROSSE, S. (2001), Effects of continents on Earth cooling : thermal blanketing and depletion in radioactive elements, Submitted to *Geophys. Res. Let.*.

GURNIS, M. (1989), A reassessment of the heat transport by variable viscosity convection with plates and lids, Geophysical Research Letters 16, 179-182,1989., *Geophys. Res. Lett.*, **16**, pp179–182.

HAMZA, V.M. & BECK, A.E. (1972), Terrestrial heat flow, the neutrino problem, and a possible energy source in the core, *Nature*, **240**, p343.

HISTH, G. & KOHLSTEDT, D.L. (1995), Experimental constraints on the dynamics of the partially molten upper mantle ; deformation in the diffusion creep regime, *J. Geophys. Res.*, **100**, pp1981–2001.

HOFMANN, A.W. (1988), Chemical differentiation of the earth : the relationship between mantle, continental crust, and oceanic crust, *Earth. Planet. Sci. Lett.*, **90**, pp297–314.

HUSSON, L. & MORETTI, I. (2001), Thermal regime of fold and thrust belts - an application to the bolivian sub andean zone, *submitted to Tectonophysics*

LABROSSE, S. (1997), Contribution à l'étude du refroidissement de la terre, *Thèse de doctorat de l'unversité Paris 7, Denis Diderot*.

LABROSSE, S. (2001), Plume dynamics in chaotic Rayleigh-Bénard covncection with volumetric heating, Poster présenté au *WorkShp on Numerical Modelling*, Aussois, 2001.

LACHENBRUCH, A.H. 1970, Rapid estimation of the topographic disturbance to superficial thermal gradients, *Rev. Phys.*, **6**, 365–380.

LONG, R.R (1976), Relation between Nusselt number and Rayleigh number in turbulent thermal convection, *J.Fluid. Mech.*, **73**, part 3, pp445–451.

LUCAZEAU, F. & LE DOUARAN, S. L. 1985, The blanketing effect of sediments in basins formed by extension : a numerical model. Application to the Gulf of Lion and Viking graben, *Earth. Planet. Sci. Lett.* **74**, pp92–102.

MATAS, J. (1999), Modelisation thermochimique des propriétés de solides à hautes pressions et hautes températures : Applications geophysiques, *Thèse de doctorat de l'Ecole Normale Supérieure de Lyon*.

MATAS, J. (2000), Thermodynamic properties of carbonates at high pressures from vibrational modelling, *Eur. J. Mineral.*, **12**, pp703–720.

MCDONOUGH, W.F. & SUN, S. (1995) The composition of the earth, *Chem. Geol.*, **120**, pp223–253

MELOSH, H.J. (1990) Giant impacts and the thermal state of the early earth, in *origin of the Earth*, Jones, J. & Newsom, H. eds, Oxford Univ. Press.

MONNEREAU, M. & DUBUFFET, F. (2001) Is Io's mantle really molten ?, Submitted to *Icarus*.

MONNEREAU, M. & QUÉRÉ, S. (2001) Spherical shell models of mantle convection with tectonic plates, *Earth. Planet. Sci. Lett.* **184**, pp575–587.

MORRIS, S. & CANRIGHT, D. (1984) A boundary-layer analysis of Bénard convection in a fluid of strongly temperature-dependent viscosity, *Phys. Earth Planet. Inter.*, **36**, pp355-373.

NISBET, E.G., CHEDLE, M.J., ARNDT, N.T. & BICKLE, M.J., (1995) Constraining the potential temperature of the Archean mantle : a review of the evidence from komatiites, *Lithos*, **30**, pp291–307

OLSON, P. & CORCOS, G.M. (1980) A boundary layer model for mantle convection with surfaces plates, *Geophys. J. R. Astron. Soc.*, **62**, pp195–219.

OLSON, P. (1987), A comparison of heat transfer laws for mantle convection at very high Rayleigh numbers, *Phys. Earth Planet. Inter.*, **48**, pp135–160.

OVERSBY, V.M. & RINGWOOD, A.E. (1971), Time of formation of the Earth's core. *Nature*, **234**, pp463–465.

PARSONS, B. & SCLATER, J. (1977), An analysis of the variation of ocean floor bathymetry and heat flow with age. *Journal of Geophysical research*, **82**, pp803–827.

POLLACK, H.N., HURTER, S.J. & JOHNSON, J.R. (1993), Heat flow from the earth's interior : analysis of the global data set, *Rev. Geophys.*, **31**, 3, pp267–280

PRIESTLEY, C.H.B. (1959) Turbulent transfert in the lowe atmosphere, *University of Chicago Press*

RUDNICK, R. & FOUNTAIN, D.M. (1995) Nature and composition of the continental crust : a lower crustal perspective, *Rev. Geophys.*, **33**, pp267–309

SCLATER, J.G., JAUPART, C.& GALSON, D. (1980), The heat flow through oceanic and continental crust and the heat loss of the earth, *Rev. Geophys. space Phys.*, **18**, No1, pp269–311.

SLEEP (1990), Hotspots and mantle mlumes : some phenomenology, *J. Geophys. Res.*, **95**, No B5, pp6715–6736.

SAFRONOV (1978), The heating of the Earth during its formation, *Icarus*, **33**, pp8–12

SOLOMATOV, V.S. & MORESI, L.-N. (1997), Three regimes of mantle convecton with non-newtonian viscosity and stagnant lid convectoin on the terrestrial planets, *Geophys. Res. Let.*, **24**, No 15, pp1907–1910.

SOTIN, C. & LABROSSE, S. (1999), Three-dimensional thermal convection in an iso-viscous, infinite Prandtl number fluid heated from within and from below : applications to the transfer of heat through planetary mantles, *Phys. Earth Planet. Inter.*, **112**, pp171–190.

SPOHN, T. & BREUER, D. (1993), Mantle differenciation Through Continental Crust Growth and Recycling and the Thermal Evolution of the Earth, *Geophysical Monograph 74*, IUGG **14**, pp55–71

STACEY, F.D. (1981), Cooling of the earth - A constraint on paleotectonic hypothesis, in *Evolution of the Earth, Geodyn. Ser.*, **5**, edited by R.J. O'Connel and W.S. Fyfe, pp272–276, AGU, Washington.

STACEY, F.D. (1992), Physics of the Earth, 3rd edn. *Brookfield press*, Brisbane.

TURCOTTE, D.L. &S OXBURGH, E.R. (1967), Finite amplitude convection cells and continental drift, *J. Fluid Mech.*, **28**, pp29–42.

TURCOTTE, D.L., HSUI, A.T., TORRANCE, K.E &S SCHUBERT, G. (1974), Influence of viscous dissipation on Bénard convection, *J. Fluid Mech.*, **64**, pp369–374.

WEERARATNE, D. & MANGA, M. (1998) Transitions in the style of mantle convection at high Rayleigh numbers, *Earth. Planet. Sci. Lett.* **160**, pp563–568.

WETHERILL, G.W. (1990) Formation of the Earth, *Annu. Rev.Planet. Sci.* **18**, pp205–256.

ZINDLER, A. & HART, S. (1986), Chemical geodynamics, *Annu. Rev. Earth Planet. Sci.* **14**, pp493–571.

Chapitre 2

Convection et couche limite thermique

Le moteur essentiel de la tectonique des plaques est la convection thermique du manteau. Nous avons vu dans l'analyse de l'histoire thermique de la Terre que les processus convectifs sont très efficaces pour évacuer la chaleur. La Terre est dans un état thermomécanique tel que les régimes de convection développés relèvent de la physique des systèmes non linéaires loin de l'équilibre. Nous proposons de revenir sur les mécanismes intrinsèques de la convection de Rayleigh-Bénard afin de poser les bases de la description de l'état thermomécanique de la Terre. Puis nous explorerons le lien entre les plaques tectoniques et la convection mantellique. Les plaques tectoniques donnent une image des mouvements en profondeur et leur dynamique reflète l'évacuation de la chaleur produite en profondeur. Nous verrons que dans de telles conditions, la convection de Rayleigh-Bénard (induite par les hétérogénéités de densité en profondeur) présente des comportements similaires à la convection de Bénard-Marangoni (induite par les hétérogénéités de tension superficielles) lorsque les nombres de Prandtl, de Rayleigh et de Marangoni tendent vers l'infini. Enfin nous proposons un modèle de description de la convection de Rayleigh-Bénard dans le cas d'un espace semi-infini.

2.1 La convection de Rayleigh-Bénard

La convection de Rayleigh-Bénard est la réponse de tout système soumis à une stratification instable de sa densité dont l'origine est thermique.

2.1.1 Mécanisme fondamental

Considérons un fluide dont la densité dépend de la température de sorte qu'un accroissement de température induise une diminution de la densité. Si le fluide est soumis à un gradient de température vertical tel que les éléments les plus légers soient en-dessous (par rapport au sens de la gravité) des éléments les plus lourds, le système est instable. Le moteur des instabilités est la poussée d'Archimède qui agit sur les particules fluides dont la densité est différente de la densité des particules environnantes. Ce processus est amorti par deux effets stabilisateurs : la diffusion thermique qui tend à réduire le contraste de température entre la particule de fluide et l'environnement, et la diffusion de la quantité de mouvement lié à la friction visqueuse (voir figure 2.1).

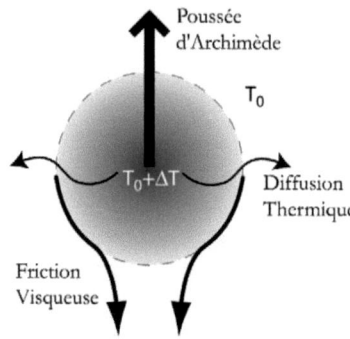

FIGURE 2.1 – *Processus entrant en jeu dans la convection de Rayleigh-Bénard.*

Considérons que le fluide possède une densité moyenne ρ_0 perturbée par un écart de température θ. En première approximation, la perturbation sur la densité est proportionnelle à θ. La dilatation thermique est décrite par le coefficient $\alpha = -\rho^{-1} \partial \rho / \partial T$, de sorte que l'écart de densité induit par θ s'écrit $\delta \rho = -\rho_0 \alpha \theta$. Notons g la gravité. La particule fluide est soumise à la poussée d'Archimède $\delta \rho g = -\rho_0 \alpha g \theta$. Les écarts de température sont de l'ordre de la différence de température entre les deux frontières extrêmes du système, ΔT. La poussée d'Archimède a donc pour ordre de grandeur, $\rho_0 \alpha g \Delta T$. Ceci nous permet de déterminer le temps caractéristiques des processus liés à la poussée d'Archimède. En notant h la hauteur du système sur lequel s'exerce l'écart de température ΔT, le temps, τ_a pour une particule élémentaire de fluide de traverser tout le domaine, est défini par

$$\rho_0 \alpha g \Delta T = \frac{\text{force}}{\text{volume}} = \rho_0 \times \text{accélération} = \rho_0 \frac{h}{\tau_a^2}. \tag{2.1}$$

Les processus dissipatifs sont gouvernés par des équations de diffusion de la forme $\partial_t(...) \sim \nabla^2(...)$. Le coefficient de proportionnalité est la diffusivité, η/ρ_0 pour les frottements visqueux et κ pour la diffusion thermique. Les temps caractéristiques pour dissiper un écart de vitesse sur la hauteur h et pour dissiper l'écart de température entre les deux parois, séparées par h sont définis par

$$\rho_0 \frac{1}{\tau_v} = \eta \frac{1}{h^2} \text{, et } \frac{1}{\tau_d} = \kappa \frac{1}{h^2}. \tag{2.2}$$

Pour que l'évacuation de la chaleur soit efficace, il est nécessaire que la poussée d'Archimède agisse avant que la diffusion thermique et la dissipation visqueuse n'aient atténué les variations de température et de vitesse. Le rapport entre le produit des temps caractéristiques dissipatifs et le carré du temps caractéristique de la poussée d'Archimède semble être une bonne mesure de l'efficacité de la convection à évacuer la chaleur. Ce rapport est un nombre sans dimension, noté Ra, en hommage à Lord Rayleigh. Ce dernier a complété en 1916 la théorie ébauchée par Boussinesq en 1901 et mis en évidence les trois processus en compétition dans un système convectif (selon Deparis & Legros, 2000). Le nombre de Rayleigh s'écrit

$$\text{Ra} = \frac{\tau_v \tau_d}{\tau_a^2} = \frac{\alpha \rho_0 g \Delta T h^3}{\kappa \eta}. \tag{2.3}$$

Lorsque Ra $\ll 1$, le temps de la poussée d'Archimède est négligeable devant celui de la diffusion thermique, les fluctuations de température à la base du système sont dissipées avant que de la matière n'ait pu traverser le milieu. La couche fluide reste stable. Par contre, lorsque Ra $\gg 1$, la poussée d'Archimède est suffisamment rapide pour mettre en mouvement le fluide avant que les fluctuations

La convection de Rayleigh-Bénard 49

de température ne soient dissipées. Le seuil de convection (le passage des processus diffusifs aux processus convectifs) correspond à une valeur "intermédiaire" que nous allons déterminer à l'aide des équations de conservation de la mécanique des fluides.

2.1.2 Modèle simplifié et analyse en terme de modes normaux

Un système convectif simple tel qu'il est décrit la section précédente est caractérisé principalement par l'écart de température θ au gradient de température qui s'applique sur la hauteur h, $\Delta T/h$ et par la vitesse v_z décrivant le flux de matière échangé entre les deux parois. Les variations latérales de ces paramètres pilotent le processus convectif.

Afin de faire une description simple des phénomènes essentiels intervenant dans le processus convectif, nous proposons d'en faire une étude unidimensionelle, c'est à dire que nous ne considérerons que les variations verticales des différents paramètres entrant en jeu dans la description. Nous proposons de réécrire les relations de conservations décrites dans l'introduction sous une forme adimensionnée pour le système unidimensionnel ainsi défini. L'unité de longueur pour un tel système est l'épaisseur h sur laquelle s'applique le gradient de température. La description que nous allons faire est parfaitement générale, mais nous nous intéresserons par la suite au régime visqueux, c'est-à-dire à la limite du nombre de Prandtl infini. Il est donc naturel pour faire une transition vers ce régime d'adimensionner les vitesses à l'aide de la vitesse de stokes. Cette dernière est définie à partir de l'équilibre entre la poussée d'Archimède et les forces visqueuses. En notant V_{stokes} cette vitesse, cela revient à écrire,

$$\eta \frac{V_{stokes}}{h^2} = \alpha \rho_0 g \Delta T \rightarrow V_{stokes} = \frac{\alpha \rho_0 g \Delta T h^2}{\eta}. \tag{2.4}$$

Le temps est donc naturellement adimensionné par la quantité, L/V_{stokes} et la température par ΔT. Dans ces conditions, l'équation de conservation de la quantité de mouvement projetée sur la verticale s'écrit à l'ordre 1, (l'ordre 0 exprimant simplement l'équilibre hydrostatique)

$$\rho_0 \partial_t v_z = \eta \partial_{x^2} v_z + \alpha \rho_0 g \theta, \tag{2.5}$$

qui se réécrit en variables adimensionnées

$$\frac{\text{Ra}}{\text{Pr}} \partial_t v_z = \partial_{x^2} v_z + \theta, \tag{2.6}$$

où le nombre de Prandtl a été introduit dans l'introduction, et son expression est $\text{Pr} = \eta/\rho_0 \kappa$.

Concernant l'équation de la chaleur, elle se réécrit dans le cadre de notre approximation unidimensionnelle et en négligeant le chauffage interne,

$$D_t T = \kappa \partial_{x^2} T. \tag{2.7}$$

La température dans le milieu est linéaire à l'ordre 0 et perturbé à l'ordre 1 par θ, $T = T_0 - \Delta T z/h + \theta$. Il est donc nécessaire de tenir compte du gradient $-\Delta T/h$ dans l'équation de la chaleur,

$$\partial_t \theta - \frac{\Delta T}{h} v_z = \kappa \partial_{x^2} \theta, \tag{2.8}$$

soit à l'aide des variables adimensionnées,

$$\partial_t \theta = v_z + \frac{1}{\text{Ra}} \partial_{x^2} \theta. \tag{2.9}$$

Afin de mener une analyse en mode normaux, nous allons écrire les perturbations v_z et θ sous la forme $V_0 \cos(kx) \exp(st)$ et $\Theta_0 \cos(kx) \exp(st)$. De tels champs appliqués aux équations (2.6) et (2.9) fournissent le système suivant en (V_0, Θ_0),

$$\frac{\text{Ra}}{\text{Pr}} s V_0 = -k^2 V_0 + \Theta_0, \tag{2.10}$$

$$s \Theta_0 = V_0 - \frac{1}{\text{Ra}} k^2 \Theta_0. \tag{2.11}$$

Ce système admet des solutions non triviales si son déterminant est nul,

$$(\text{Ra}\, s + k^2)(\text{Ra}\, s + \text{Pr}\, k^2) - \text{Pr}\,\text{Ra} = 0. \tag{2.12}$$

Nous allons considérer que le taux de croissance s est une fonction de k déterminée implicitement par cette dernière équation. Son discriminant est

$$\Delta = \text{Ra}^2 (1 - Pr)^2 k^4 + 4 \text{Ra}^3 \text{Pr}, \tag{2.13}$$

toujours positif, il y a donc toujours deux solutions dont les expressions sont

$$s_\pm = -\frac{1 + \text{Pr}}{2 \text{Ra}} k^2 \pm \frac{1}{2} \sqrt{\left(\frac{1 - \text{Pr}}{\text{Ra}}\right)^2 k^4 + 4 \frac{\text{Pr}}{\text{Ra}}}. \tag{2.14}$$

L'une d'elles est nécessairement négative, tandis que l'autre est positive dans la mesure où le nombre de Rayleigh est supérieur à k^4. Plaçons-nous au seuil de l'instabilité convective, en s=0, ce qui est équivalent à

$$\text{Ra} = k^4 \tag{2.15}$$

Cette relation traduit l'équilibre à courte longueur d'onde entre la poussée d'Archimède et la dissipation horizontale des gradients de température et de vitesse. Pour mieux réaliser cela, il est nécessaire de traduire cette relation en fonction des grandeurs caractéristiques du système étudié. En réintroduisant l'expression (2.3) du nombre de Rayleigh, nous obtenons,

$$\alpha \rho_0 g \Delta T h^4 = \eta \kappa k^4 h^5, \tag{2.16}$$

où k est le nombre d'onde dimensionné analogue à l'inverse d'une longueur. Le membre de gauche représente le travail de la poussée d'Archimède en volume,

$$\alpha \rho_0 g \Delta T h^4 = \delta \rho g \times h^3 \times h = \text{Force} \times h. \tag{2.17}$$

Tandis que le membre de droite représente la dissipation visqueuse durant le temps nécessaire à évacuer les contrastes de température sur l'échelle de longueur 1/k. En effet, ce temps, τ_d^k est de l'ordre de $1/\kappa/k^2$. Le terme de dissipation visqueuse instantanée par unité de volume, $\tau : \nabla v$ est de l'ordre de $\eta k^2 v^2$ où v est de l'ordre de h/τ_d^k, l'énergie globale dissipée par les forces visqueuses est

La convection de Rayleigh-Bénard

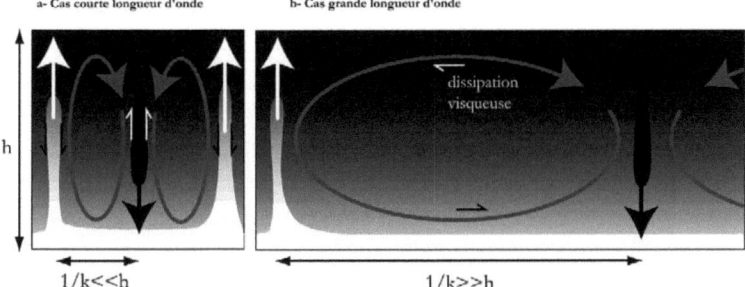

FIGURE 2.2 – *Localisation des zones de dissipation visqueuse selon le type d'écoulement dans la convection de Rayleigh-Bénard. Dans le cas de petite longueur d'onde les zones de dissipation visqueuse sont localisées principalement au niveau des mouvements verticaux tandis que dans les régimes à grandes longueurs d'onde, ils sont localisés au niveau des mouvements horizontaux.*

donc

$$(\tau : \boldsymbol{\nabla v}) \times h^3 \times \tau_d^k = \eta k^2 v^2 \times h^3 \times \tau_d^k,$$
$$= \eta k^2 \frac{h^5}{\tau_d^k},$$

ce qui est bien égal à $\eta \kappa k^4 h^5$ lorsqu'on remplace τ_d^k par sa valeur. L'expression (2.15) exprime l'équilibre entre les forces d'Archimède et la dissipation visqueuse (voir la figure 2.2a). Cet équilibre est la condition nécessaire à la mise en place des mouvements de convection. Cette expression n'est pas valable dans la limite des faibles nombres d'onde, k. La dissipation visqueuse étant proportionnelle à k^4, cela induirait que la dissipation visqueuse disparaîtrait sur les grandes échelles, cela est absurde, la dissipation se manifestant à toutes les échelles. Ce résultat provient des approximations que nous avons faites précédemment. Pour les écoulements à grandes échelles, l'écoulement cisaillant horizontal devient prépondérant (voir la figure 2.2b) et le terme $\partial_z v_x$ devient prépondérant dans la relation de conservation de la quantité de mouvement.

L'estimation de la dissipation à grande longueur d'onde nécessite la détermination de l'ordre de grandeur des vitesses dans l'écoulement horizontal. Ces vitesses sont induites par la conservation de la masse, qui oblige l'écoulement à prendre un virage à 90° à l'approche des parois. Les vitesses horizontales sont déterminées par $\partial_x v_x + \partial_z v_z = 0$. Les variations de la vitesse verticale sont de l'ordre v_z/h donc les vitesses horizontales, v_x, sont de l'ordre de $v_z/h/k$. Le gradient de vitesse contribuant principalement à la dissipation est $\partial_z v_x$ soit, $v_z/h^2/k$. La puissance volumique dissipée par les forces visqueuses s'écrit,

$$\tau : \boldsymbol{\nabla v} = \eta \frac{v_z^2}{h^4 k^2}. \tag{2.18}$$

Le temps caractéristique de diffusion des hétérogénéités de température est maintenant basé sur la hauteur totale du système, et son expression est $\tau_d^h = h^2/\kappa$. Pour que les panaches montants traversent la boite sans avoir été diffusés, il faut que leurs vitesses v_z soient de l'ordre de h/τ_d^h. Dans ces conditions l'énergie dissipée par les forces visqueuses est

$$(\tau : \nabla v) \times h^3 \times \tau_d^h = \eta \frac{h}{\tau_d^h k^2},$$
$$= \frac{\eta \kappa}{h k^2}.$$

Au seuil, cette énergie est exactement compensée par le travail de la poussée d'Archimède, $\alpha \rho_0 g \Delta T h^4$. En variable adimensionnée, cette égalité nous fournit le comportement à grande longueur d'onde du nombre de Rayleigh critique ;

$$\text{Ra} = \frac{1}{k^2}. \tag{2.19}$$

Entre ces deux comportements, il existe un Rayleigh critique minimum correspondant à des cellules de convection dont la longueur est exactement égale à la hauteur. Cela correspond à une longueur d'onde $\lambda = 2h$, et un nombre d'onde $k = 2\pi/\lambda = \pi/h$. En supposant que le comportement à petite longueur d'onde reste vrai à cette échelle, nous obtenons (k est adimensionnée par $1/h$),

$$\text{Ra} = \pi^4. \tag{2.20}$$

Les calculs rigoureux classiques fournissent la même relation à un facteur près de l'ordre de 10 à 20 selon les conditions aux limites (Chandrasekhar, 1981).

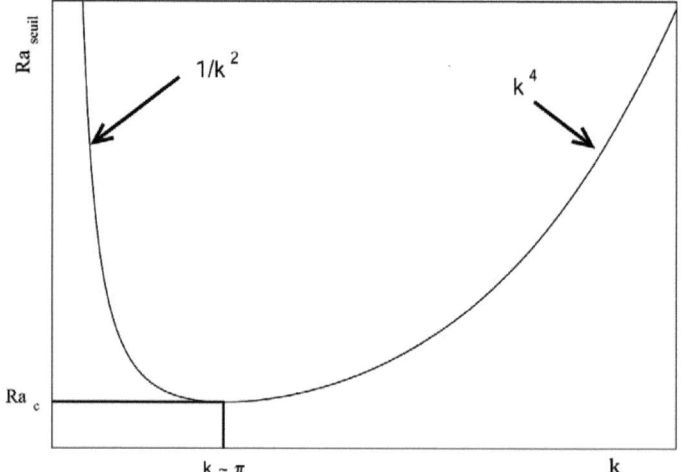

FIGURE 2.3 – *Représentation schématique du comportement du nombre de Rayleigh au seuil en fonction du nombre d'onde, k.*

Le comportement du nombre de Rayleigh au seuil en fonction du nombre d'onde est représenté schématiquement figure 2.3. Notons que le seuil est indépendant du nombre de Prandtl ; cela n'est pas étonnant quand on considère que le seuil est déterminé par l'équilibre entre la poussée d'Archimède et les dissipations thermiques et visqueuses. Néanmoins, loin de l'équilibre, les caractéristiques de l'écoulement dépendent du nombre de Prandtl.

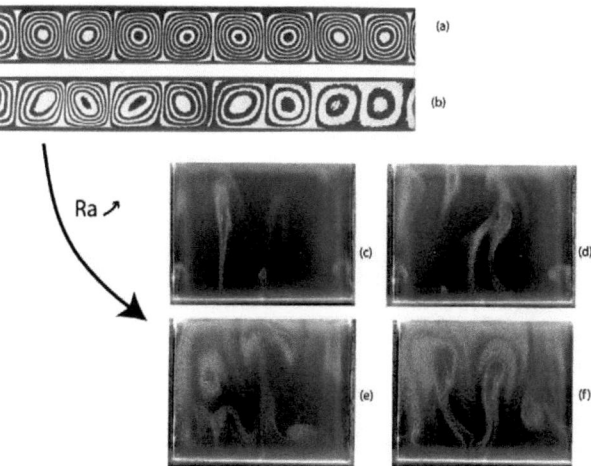

FIGURE 2.4 – *Expérience de convection de Rayleigh-Bénard.*
(a) & (b) : Rouleaux de convection observés par la tranche dans de l'huile de silicone par méthode interférentielle. En (a), le fluide est uniformément réchauffé par en bas c'est la figure classique de ce type de convection juste au-dessus du seuil. En (b), la différence de température, et donc la vigueur de la convection est augmentée de droite à gauche (tirés de Van Dyke, 1982, selon Oertel & Kirchartz, 1979 ; Oertel, 1982).
(c), (d), (e) & (f) : Expérience de convection avec un mélange glycérol/eau en augmentant progressivement l'écart de température permettant d'observer l'émergence de panaches (c), la rencontre de deux panaches (d), les panaches sous forme de champignons dus aux résistances thermiques et visqueuses au mouvement (e) & (f), selon Mukherjee et al. (1997).

Au-delà du seuil, différents régimes permanents sont observés jusqu'à ce qu'un nouveau seuil soit atteint au-delà duquel on observe un régime chaotique de convection. La figure 2.4 représente différentes situations issues d'expériences de Rayleigh-Bénard en laboratoire. Juste au-dessus du seuil, on observe un écoulement sous forme de cellule, du type de celui que nous avons décrit dans l'étude en modes normaux. Au-delà d'un certain contraste de température, et donc d'un certain nombre de Rayleigh, un changement de comportement intervient : la chaleur transite d'un bord à l'autre par advection sous la forme de panache. Afin de comprendre ce phénomène, nous allons revenir sur l'épaisseur de la couche limite en fonction du nombre de Rayleigh. Nous avons vu au précédent chapitre que l'on peut considérer que l'épaisseur de la couche limite δ est reliée au nombre de Rayleigh selon

$$\frac{\text{Ra}}{\text{Ra}_c} = \frac{h^3}{\delta^3}, \qquad (2.21)$$

où le nombre de Rayleigh critique Ra_c n'a pas le même sens dans cette expression que celui qui vient d'être discuté. L'épaisseur de la couche limite est donc inversement proportionnelle au nombre de Rayleigh à la puissance $1/3$. Plus le nombre de Rayleigh est grand, plus l'épaisseur de la couche limite est petite et plus la dynamique globale du système tend à être pilotée par une mince couche de fluide sous la surface (voir la figure 2.5). Nous verrons que cette idée est fondamentale pour

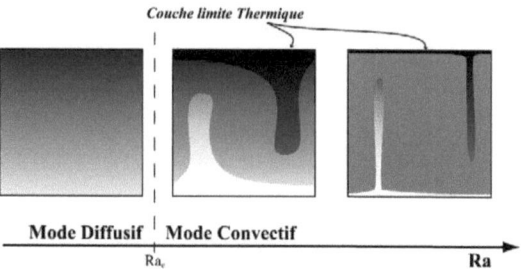

FIGURE 2.5 – *Amincissement des couches limites selon le nombre de Rayleigh.*

élaborer une description de la convection de Rayleigh-Bénard dans la limite d'un demi-espace infini (équivalent à un nombre de Rayleigh infini). Pour un nombre de Rayleigh dominant ce nombre de Rayleigh critique de 6 ordres de grandeur, l'épaisseur de la couche limite est 100 fois plus petite que l'extension totale du système. Dans de telles conditions, on peut considérer que l'écoulement global est essentiellement piloté par la dynamique de la couche limite thermique. Le coeur du fluide est relativement isotherme, d'une température égale à la moitié des deux extrêmes dans le cas où le fluide est réchauffé par le bas et où la chaleur est transportée par advection sous forme de panaches se décrochant de chaque couche limite thermique. Les conditions de la convection thermique terrestre sont de cet ordre-là et l'on peut considérer que la dynamique de la lithosphère représente l'essentiel de la dynamique du manteau dans sa globalité. Nous proposons donc de revenir sur les points clés de l'équilibre mécanique de la lithosphère.

2.2 L'équilibre mécanique de la lithosphère

2.2.1 Les plaques lithosphériques et la convection mantellique

Le mouvement des plaques est la signature de mouvements globaux dans le manteau. Les études thermiques révèlent que la Terre est un objet dynamique, dont chacune des enveloppes majeures est siège de mouvement convectif. Durant le siècle passé, le lien entre la convection mantellique et la dynamique de la lithosphère fut l'objet d'âpres discussions **Références ?**. Lorsque l'hypothèse de l'existence des mouvements convectifs dans le manteau fut posée, la communauté des géophysiciens penchait en la faveur d'une lithosphère qui suivraient passivement les mouvements du manteau, fortement actif. A l'heure actuelle, on retient un certain nombre d'arguments majeurs penchant en la faveur d'une vision dynamique de la lithosphère, couche limite thermique du manteau convectif :

- *Les rifts* : supposons que la dynamique de la convection mantellique ne soit pas liée à celle de la lithosphère. Les zones de divergence au niveau des dorsales seraient créées par des remontées de matière chaude dont l'origine serait en profondeur, à la base du manteau supérieur ou du manteau inférieur. Dans de telles conditions, la flottabilité de ces matières créerait un bombement de la zone située autour de la dorsale bien plus grand que celui réellement observé (Davies & Richards, 1992) et une forte anomalie de géoïde également non observée ;

- *les zones de subduction* : dans un système convectif chauffé de l'intérieur, la chaleur est évacuée principalement en incorporant des zones froides provenant de la surface vers l'intérieur. Pour un fluide à viscosité constante, les zones de plongée de la matière froide se répartissent à la surface sans dynamique particulière. Pour la Terre où la viscosité est fortement dépendante de la température, la surface externe admet un comportement fortement élastique/cassant, la lithosphère est donc rigide et fracturée. Les zones de plongée de matière froide se font essentiellement sur les zones de fractures de lithosphère, les zones de subduction, ce qui est un signe que la dynamique de la lithosphère participe activement au processus de refroidissement du manteau convectif.

La vision actuelle de l'interaction entre la lithosphère et le manteau est donc :
la Terre se refroidit en incorporant des matériaux froids. Ce processus s'effectue au niveau des zones de subductions. Cette dynamique induit des zones de création de lithosphère au niveau des dorsales. Ce dernier processus est passif, les sources proviennent d'une faible profondeur. Nous pouvons donc affirmer que le mouvement des plaques lithosphériques **est** le mouvement de la couche limite thermique supérieure.

Traditionnellement, deux méthodes s'offrent à nous pour l'étude des processus convectifs terrestres : écrire les équations de la mécanique des fluides, se donner des conditions aux limites réalistes, se donner une rhéologie susceptible de rendre compte de la tectonique des plaques et résoudre tout cela numériquement. Cette méthode a l'énorme avantage de fournir une description complète des processus en jeu, mais reste éminemment complexe, faisant intervenir un trop grand nombre de paramètres, difficiles à contraindre expérimentalement. L'autre méthode consiste à modéliser les plaques lithosphériques en terme de couches limites thermiques et de faire le bilan des forces qui leur sont appliquées. Cette méthode est statique comme nous allons le voir mais on peut en déduire une dynamique en considérant l'ensemble des forces le long de chaque frontière de plaque et en écrivant l'équilibre des couples que ces forces induisent, il est possible de dégager une dynamique globale. Cette méthode permet de fournir une description phénoménologique simple de la convection. Le principal reproche qu'on peut en faire est la non-unicité des solutions puisque la même cinématique peut être obtenue avec des forces différentes.

Ainsi, le processus convectif terrestre est trop complexe pour être appréhendé de manière globale, et il est nécessaire de recourir à un certain nombre d'approximations. La méthode que nous allons décrire est intermédiaire entre ces deux approches. Mais avant de la développer, nous allons revenir sur l'étude classique de la convection en terme de couches limites thermiques. Cela nous permettra de dégager les idées essentielles qui sous-tendent la modélisation développée ultérieurement.

2.2.2 La lithosphère comme une couche limite thermique

Considérons une plaque océanique. Elle est créée au niveau d'une dorsale et plonge dans le manteau sous-jacent dans une zone de subduction. Nous allons examiner les forces qui agissent sur cette plaque en considérant le système en régime permanent. Nous définirons la plaque comme la zone présentant une anomalie de température. Elle est créée en un point qui correspond à la ride océanique, et se refroidit en glissant à une vitesse u_0, le long de son interface avec l'hydrosphère, l'océan tamponné à une température T_0. Après avoir parcourue une distance L, cette plaque plonge dans le manteau et forme un panache qui, par diffusion, se réchauffe et refroidit le milieu environnant. Ces phénomènes sont induits par les différentes forces auxquelles est soumise la plaque à travers les interfaces qu'elle

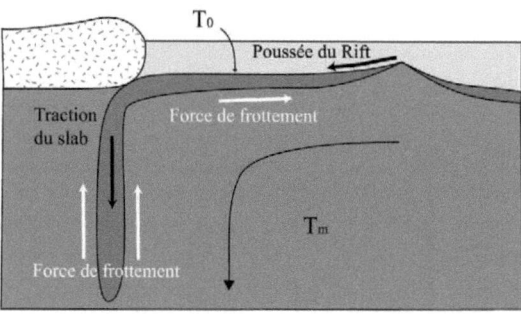

FIGURE 2.6 – *Modélisation de la plaque lithosphérique comme une couche limite thermique et bilan des forces agissant sur cette plaque.*

présente avec son environnement, les autres plaques et le manteau. La force principale est la traction du panneau plongeant (slab pull), puis vient la poussée due au veillissement de la lithosphère depuis la dorsale (ridge push), ces forces motrices sont contre-balancées par la force résistive qu'exerce le manteau sur la plaque (drag force) au niveau de l'interface manteau-lithosphère. D'autres forces sont généralement mentionnées dans la littérature, les forces liées aux transitions de phase, tantôt motrices, tantôt résistives, les forces de frottements au niveau des failles transformantes et les forces de succion au niveau des zones convergentes.

l'équilibre thermique de la plaque lithosphérique

Dans un premier temps, nous allons appliquer l'équation de conservation de la chaleur à la partie horizontale de la plaque. Nous considérerons l'interface entre la lithosphère et l'océan en $z = 0$, la dorsale en $x = 0$. La plaque plonge en $x = L$ et le manteau est infini dans la direction $z \to \infty$. Les conditions aux limites sont donc, $T = T_m$ en $x = 0$ et $T = T_0$ en $z = 0$ et $T = T_m$ lorsque $z \to \infty$. En négligeant la diffusion horizontale devant la diffusion verticale et l'advection, l'équation de la chaleur s'écrit en régime permanent

$$u_0 \partial_x \theta = \kappa \partial_{z^2} T. \tag{2.22}$$

La solution de l'équation de la chaleur dans de telles conditions est classique, et la température dans la partie horizontale est,

$$T = T_0 + (T_m - T_0)\mathrm{erf}\left(\frac{z}{2\sqrt{\kappa x/u}}\right). \tag{2.23}$$

En supposant que la transition de la partie horizontale vers la partie verticale est suffisamment rapide pour ne pas modifier le profil de température, la température en $z = 0$ se déduit de celle calculée précédemment par une simple interversion de coordonnées. Considérant que la plaque est rigide dans le sens où sa vitesse de descente dans le manteau est égale à sa vitesse de glissement le long de la frontière océan/lithosphère, son épaisseur est constante durant la rotation à 90°, et la température au début de la plongée du panache est

$$T = T_0 + (T_m - T_0)\mathrm{erf}\left(\frac{L-x}{2\sqrt{\kappa L/u}}\right). \quad (2.24)$$

Le profil de température durant la plongée dans le manteau se déduit par la conservation de la chaleur verticalement et la diffusion horizontalement. Cependant nous n'aurons pas besoin de cette expression dans la suite du calcul. Par la suite, nous noterons $\delta\theta$ l'écart de température entre la lithosphère (la couche limite thermique où siègent les hétérogénéités de température) et le manteau. Dans la partie glissante horizontale, cet écart vaut

$$\delta\theta = -(T_m - T_0)\mathrm{erfc}\left(\frac{z}{2\sqrt{\kappa x/u}}\right), \quad (2.25)$$

où erfc est la fonction erreur complémentaire (*i.e.* erfc=1-erf), et dans le panache descendant,

$$\delta\theta = -(T_m - T_0)\mathrm{erfc}\left(\frac{L-x}{2\sqrt{\kappa L/u}}\right). \quad (2.26)$$

topographie et poussée de ride

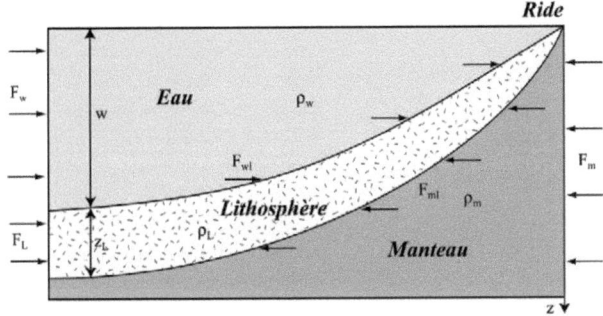

FIGURE 2.7 – *Force horizontale agissant sur la lithosphère au niveau d'une ride océanique.*

Les rides océaniques produisent une nouvelle lithosphère chaude qui en s'éloignant de la ride se refroidit et se contracte. Du fait de l'équilibre isostatique de la plaque, ceci a pour effet un enfoncement de la plaque au fur et à mesure de son éloignement de la ride. En effet, considérons une colonne comprenant l'eau, la lithosphère et le manteau, en notant w la hauteur d'eau par rapport au sommet de la ride et z_L le bas de la lithosphère par rapport à cette même origine, le poids d'une telle colonne est

$$\int_w^{w+z_L} \rho_L \, dz + w\rho_w, \quad (2.27)$$

où ρ_w est la masse volumique de l'eau. L'équilibre isostatique entre une tranche comprenant la lithosphère et une tranche ne comportant que le manteau s'écrit

$$\rho_m(w + z_L) = \int_w^{w+z_L} \rho_L\, dz + w\rho_w, \qquad (2.28)$$

qui peut se réécrire

$$w = \frac{\int_0^{z_L}(\rho_L - \rho_m)\, dz}{\rho_m - \rho_w}. \qquad (2.29)$$

En utilisant l'équation d'état qui permet de lier l'écart de densité à l'écart de température de la lithosphère par rapport au manteau (0.14), on montre que la topographie est reliée à l'intégrale de l'écart de température $\delta\theta$, en considérant qu'au-delà de z_L, cet écart s'annule, nous pouvons faire tendre z vers l'infini, sans perdre en généralité. En utilisant le profil de température (2.25), la topographie théorique déduite d'un modèle de couche limite thermique devient

$$w = \frac{2\rho\alpha(T_m - T_0)}{\rho_m - \rho_w}\sqrt{\frac{\kappa x}{\pi u_0}}. \qquad (2.30)$$

Le flux moyen se déduit de cette expression en exprimant $(T_m - T_0)/w$. Il est proportionnel à $1/\sqrt{x/u_0}$.

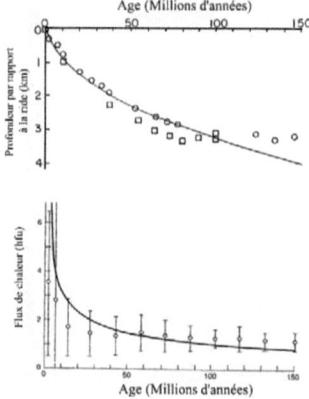

FIGURE 2.8 – *Topographie et flux de chaleur en fonction de l'âge des fonds océaniques*

La figure 2.8 représente la topographie des fonds océaniques et le flux de chaleur moyen (1 hfu = $41.84\,\mathrm{mW/m^2}$) en fonction de leur âge. Pour la topographie, les cercles sont les données du Pacifique Nord, les carrés représentent les données de l'Atlantique Nord. Les courbes continues correspondent aux expressions ci-dessus. Ces dernières sont très proches des mesures. Les différences qui apparaissent près et loin de la ride ont été largement discutées dans la littérature (Colin & Fleitout, 1990 ; Stein & Stein, 1992).

Le faible flux de chaleur que l'on trouve sur la lithosphère jeune est attribuée aux circulations hydrothermiques qui ont lieu dans ces zones. La circulation d'eau à 0 °C tend à refroidir beaucoup plus efficacement les roches mantelliques que par simple conduction.

Pour expliquer l'aplatissement des fonds âgés, il est nécessaire d'envisager des sources de chaleur secondaires qui ralentissent le refroidissement de la plaque et donc son enfoncement. Différents mécanismes de production ou d'apport de chaleur ont été proposés : d'origine radiogénique (Crough, 1977), par dissipation visqueuse (Schubert *et al.*, 1976), par une convection à petite échelle (Parsons & McKenzie, 1978). Certaines études des données semble montrer qu'en excluant les mesures à moins de 600 km des points chauds, on retrouve la loi en racine de l'âge (Heestand & Crough, 1981 ; Schroeder, 1984 ; Marty & Cazenave, 1989). Bien que cette problématique soit encore ouverte (Humler *et al.*, 1999 ; Doin & Fleitout, 2000), le fait qu'une loi aussi simple permette de rendre compte de la topographie et des flux de chaleur sur les fonds océaniques démontre que les hypothèses formulées dans la ligne de celles de Turcotte & Oxburgh (1967) sont justifiées : la lithosphère océanique est la couche limite thermique du manteau convectant.

L'isostasie et l'équilibre vertical est un effet de premier ordre lié à la ride. La topographie qui en découle est source de la poussée de ride (ridge-push). Le calcul classique est peu satisfaisant car il est basé sur l'hypothèse de l'équilibre hydrostatique du système lithosphère-manteau (c'est-à-dire sur un amalgame pression-contrainte). Or nous verrons que ce sont justement les effets non hydrostatiques qui sont moteurs. Nous allons néanmoins le survoler rapidement afin de mettre en exergue certaines propriétés qui seront la base des développements ultérieurs. La poussée de ride s'évalue en faisant le bilan des forces qui agissent sur la lithosphère, en supposant tout le système en équilibre hydrostatique.

Faisons le bilan des forces qui s'appliquent sur le système. Du côté du manteau, s'exerce une force F_{ml} (voir la figure 2.7 pour le schéma des différentes forces mises en jeu). Selon le principe d'action-réaction, la lithosphère exerce une force de même intensité sur le manteau. Le manteau est en équilibre, ce qui implique que la force F_{ml} est égale à la force qui s'applique sur le plan vertical à l'aplomb de la ride, F_m. Cette force est aisée à évaluer,

$$F_{ml} = F_m = \int_0^{w+z_L} \rho_m g z \, dz. \quad (2.31)$$

Du côté de l'océan, en faisant le même raisonnement, on peut écrire

$$F_{wl} = F_w = \int_0^w \rho_w g z \, dz, \quad (2.32)$$

et la force qui s'exerce dans la lithosphère, est la composante hydrostatique, à savoir

$$F_l = \int_w^{w+z_L} P_L \, dz, \quad (2.33)$$

où P_L s'écrit

$$P_L = \rho_w g w + \int_w^z \rho_L g \, dz. \quad (2.34)$$

La somme de toutes ces contributions, s'écrit

$$F_{RP} = g(\rho_m - \rho_w)\frac{w^2}{2} + \int_w^{w+z_L} \int_z^{w+z_L} (\rho_L - \rho_m) g \, dz' \, dz, \quad (2.35)$$

ce qui se réécrit en faisant tendre z_L vers l'infini,

$$F_{RP} = g(\rho_m - \rho_w)\frac{w^2}{2} + \int_0^\infty \int_z^\infty (\rho_L - \rho_m) g \, dz' \, dz. \quad (2.36)$$

L'utilisation du profil de température (2.25) et l'expression de la topographie (2.30) permettent d'estimer la poussée liée à la ride

$$F_{RP} = \alpha \rho_m g (T_m - T_0) \frac{\kappa x}{u_0} \left(1 + \frac{2\alpha \rho (T_m - T_0)}{\phi(\rho_m - \rho_w)}\right). \quad (2.37)$$

En utilisant les grandeurs standards, Turcotte & Schubert (1982) obtiennent une force de 3.9×10^{12} N pour une croûte océanique de 100 Millions d'années.

Ces calculs classiques se placent dans la limite hydrostatique. En effet, les seules contraintes envisagées sont celles liées à la pression, sans prendre en compte les contraintes visqueuses. Pour schématiser, dans ce calcul, la topographie se déduit de l'équation dynamique

$$\nabla P + \rho \boldsymbol{g} = 0, \tag{2.38}$$

qui permet de déduire la pression à la base de la lithosphère par simple intégration. L'équilibre des pressions entre lithosphère et manteau permet de déduire le profil topographique. L'estimation des forces s'appliquant sur la plaque horizontalement est effectuée en intégrant les forces de pression données par l'équilibre vertical. Ces calculs ne prennent pas en compte les contraintes visqueuses et ne permettent pas de déduire une dynamique. Néanmoins, ils fournissent deux clés essentielles aux calculs qui seront développés section 2.4. L'équation (2.29) exprime la proportionnalité entre la topographie et l'intégrale verticale de l'écart de température, $\delta\theta$

$$\boxed{w \sim \int_0^\infty \delta\theta \, dz.} \tag{2.39}$$

La dynamique quand à elle se déduit du moment d'ordre 1 de cet écart de température. En effet, l'expression (2.36) fait intervenir une double intégrale or, l'une des propriétés de la fonction erfc est

$$\int_0^\infty \int_z^\infty \operatorname{erfc}(z') \, dz' \, dz = \int_0^\infty z \operatorname{erfc}(z) \, dz. \tag{2.40}$$

L'écart de température $\delta\theta$ est proportionnel à $\operatorname{erfc}(z/2.(u_0/\kappa x)^{1/2})$ donc,

$$\int_0^\infty \int_z^\infty \delta\theta \, dz' \, dz = \int_0^\infty z\delta\theta \, dz, \tag{2.41}$$

et la force de poussée de la ride peut se réécrire

$$\boxed{F_{RP} \sim \int_0^\infty z\delta\theta \, dz.} \tag{2.42}$$

Cette dernière expression amène à considérer que les forces horizontales qui agissent sur les plaques sont liées au moment d'ordre 1 de la densité, qui elle-même intervient dans l'équation verticale de conservation de la quantité de mouvement. Lors de la description de la dynamique des couches limites thermiques, il sera donc naturel de considérer le moment d'ordre 1 de cette dernière équation.

Effets liés au panneau plongeant

Une étude de la lithosphère comme une couche limite thermique ne saurait être complète sans évoquer l'action du panneau plongeant. Les forces motrices entraînant le panneau plongeant sont les forces gravitationnelles. Le calcul de ces forces est plus aisé que la poussée de la dorsale. La poussée d'Archimède du panneau s'écrit simplement

$$F_{SP} = \int_\mathcal{V} (\rho_L - \rho_m) g \, d\mathcal{V}, \tag{2.43}$$

où $\mathcal{V}$ représente le volume du panneau plongeant. Pour des raisons de convergences d'intégrales, nous supposerons ce panneau d'extension fini en z, atteignant une profondeur Z. Exprimée en fonction de $\delta\theta$, cette force se réécrit

$$F_{SP} = \alpha \rho_m g \int_{x=0}^{\infty} \int_{z=0}^{Z} \delta\theta \, dx \, dz. \tag{2.44}$$

Le panache est modélisé comme une anomalie de température en $z = 0$ advectée à une vitesse u_0 selon z et diffusant selon x, ainsi, la température vérifie

$$u_0 \partial_z \delta\theta = \kappa \partial_{x^2} \delta\theta. \tag{2.45}$$

Intégrée selon x, cette équation se réécrit

$$u_0 \partial_z \int_{x=0}^{\infty} \delta\theta \, dx = \partial_x \delta\theta|_{x \to \infty} - \partial_x \delta\theta|_{x=0}, \tag{2.46}$$

le système étant fermé, il n'y a pas de flux de chaleur en 0, ni lorsque $x \to \infty$, donc l'intégrale de l'écart de température selon x est indépendante de z et la force d'attraction liée au panneau plongeant s'écrit

$$F_{SP} = \alpha \rho_m g \int_{x=0}^{\infty} Z \delta\theta \, dx. \tag{2.47}$$

Ce qui donne en utilisant le profil de température (2.26),

$$F_{SP} = 2\alpha \rho_m g Z (T_m - T_0) \sqrt{\frac{\kappa L}{\pi u_0}}. \tag{2.48}$$

Cette force s'applique sur la couche limite thermique au point $x = L$ et tend vers l'infini dans le cas d'un demi espace infini (celui d'un Rayleigh infini).

En considérant que la lithosphère est une plaque rigide en équilibre hydrostatique avec le manteau, il est difficile de coupler les dynamiques des deux milieux et de construire un modèle auto-cohérent permettant de rendre compte de la dynamique de la lithosphère et de son interaction avec le manteau. De plus, les deux calculs qui viennent d'être présentés sont contraints par une géométrie a priori : pour le rift, on se donne un point a priori de création de lithosphère, pour le panneau plongeant, on suppose connue la longueur L à partir de laquelle la lithosphère se déstabilise. La méthode qui sera développée ultérieurement permet de s'affranchir de ces contraintes.

Avant d'aller plus loin dans la description de la convection de Rayleigh-Bénard dans les régimes analogues à ceux de la Terre, nous proposons de développer les caractéristiques essentielles de la convection de Bénard-Marangoni. Ceci nous permettra de mettre en évidence certaines similitudes avec la convection de Rayleigh-Bénard loin du seuil critique.

2.3 La convection de Bénard-Marangoni

La convection de Bénard-Marangoni est un régime de convection lié aux hétérogénéités latérales de tension superficielle. Ce type de convection intervient dans tout fluide chauffé de l'intérieur et présentant une surface libre par laquelle s'évacue la chaleur. En laboratoire soumis à la gravité, le régime de convection en volume de Rayleigh-Bénard domine généralement. On observe donc ce type de régime piloté par les effets de surface dans les configurations en couche mince. Lorsque la gravité n'est pas présente (en apesanteur par exemple), c'est ce type de régime qui domine. Nous proposons de revenir sur les caractéristiques principales de ce type de régime convectif, avant de proposer une méthode originale proposée par Thess *et al.* (1995) pour le traitement de cette problématique dans le cas des nombres de Prandtl et de Marangoni infinis. Nous avons déjà remarqué que lorsque l'on observe la convection de Rayleigh-Bénard à un très haut nombre de Rayleigh, la couche limite supérieure s'amincit fortement. Ainsi, la dynamique de l'ensemble du système est pilotée par une mince couche de fluide proche de la surface. Cela est particulièrement vrai pour la Terre, comme nous venons de l'esquisser dans la section précédente. Nous verrons que la dynamique de cette couche peut être décrite dans un formalisme similaire à la dynamique liée aux hétérogénéités de surface.

2.3.1 Mécanismes mis en jeu dans la convection de Bénard-Marangoni

Dés lors qu'une expérience de convection s'effectue à l'air libre, les effets de surface jouent un rôle dans la structuration des motifs convectifs. Les expériences de convection menées par Bénard (1900) relevaient certainement de la convection de Bénard-Marangoni plutôt que celle de Rayleigh-Bénard. Pourtant, il a fallu attendre Pearson (1958) pour que les effets superficiels soient reconnus dans le cadre des processus convectifs.

Le moteur de la convection de Bénard-Marangoni réside dans la dépendance de la tension superficielle en température ou en concentration relative dans le cas des mélanges de fluides. Ainsi, lorsque la surface libre d'une couche de fluide est le siège d'hétérogénéités de température ou de concentration, des hétérogénéités de tension superficielle émergent. Ces dernières induisent des forces surfaciques car le système tend toujours à minimiser sa tension de surface (équivalente à une énergie déposée à sa surface) et l'on peut s'attendre à ce que des mouvements surfaciques se mettent en place.

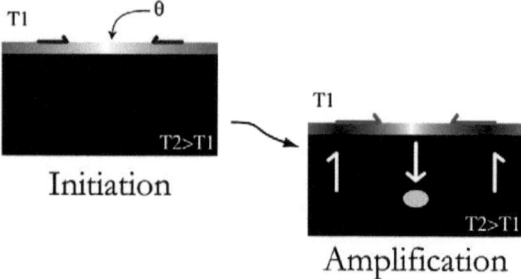

FIGURE 2.9 – *Principe de la convection de Marangoni. La première phase d'initiation enclenche un mouvement qui est amplifié si le fluide est réchauffé de l'intérieur (ou refroidi de l'extérieur).*

Plus précisément, la tension de surface, σ, est une fonction décroissante de la température. Notons B l'opposée de sa pente, définie positivement, $B = -d\sigma/dT$. Soit une fluctuation θ de la température de surface. Elle induit une fluctuation de la tension superficielle $\delta\sigma = -B\theta$. Si cette fluctuation est négative (localement le fluide se refroidit), elle induit un accroissement de la tension superficielle et donc de l'énergie surfacique du fluide. Afin de minimiser cette énergie, la surface aura tendance à se contracter localement. Cette contraction induit un mouvement de matière dirigé vers l'intérieur de la couche fluide à l'endroit de la fluctuation de température et par conservation de la masse, un mouvement dirigé vers l'extérieur en-dehors de la zone de fluctuation (voir la figure 2.9).

Si le fluide réinjecté à la surface du fluide est chaud, cela augmentera le contraste de tension superficielle et le mouvement sera amplifié. La dépendance en température de la tension superficielle a donc un effet déstabilisant sur la couche de fluide si le fluide est réchauffé de l'intérieur ou refroidi de l'extérieur. Ce processus est clairement indépendant de la gravité et peut être observé aussi bien en apesanteur que sur une couche de peinture séchant (le moteur étant alors la concentration en solvant) quelqu'en soit son orientation par rapport à la verticale.

Contrairement au cas de la convection de Rayleigh-Bénard où les processus mis en jeu agissent "en masse" et où il est possible de développer des modèles simples d'interactions entre ces processus, dans la convection de Bénard-Marangoni le moteur réside dans les conditions aux limites pour la couche limite et il est nécessaire de développer in extenso les calculs à 2 dimensions pour inclure ces effets.

2.3.2 Stabilité marginale

Afin d'obtenir la courbe de stabilité de la convection de Bénard-Marangoni, nous proposons de revoir succinctement les grandes lignes du calcul à 2 dimensions, tel qu'il a été présenté par Pearson (1958).

La dynamique interne est simplement décrite par les relations de conservation décrites dans l'introduction dans lesquelles nous négligerons la gravité.

Considérons une couche de fluide d'épaisseur d selon z et de surface d'extension infinie selon x. Nous appellerons surface inférieure la surface en $z = 0$ et surface libre la surface $z = d$. Nous considérerons que seule la tension superficielle dépend de la température et nous n'envisagerons pas de forces internes de mouvement. Les longueurs seront adimensionnées par l'épaisseur d et le temps par le temps de diffusion thermique d^2/κ. Le système est donc décrit par :

- *Les équations de Navier-stokes et la conservation de la masse* :

$$\begin{cases} \rho(\partial_t + v_x.\partial_x + v_z.\partial_z)v_x = \eta(\partial_{x^2} + \partial_{z^2})v_x - \partial_x P \\ \rho(\partial_t + v_x.\partial_x + v_z.\partial_z)v_z = \eta(\partial_{x^2} + \partial_{z^2})v_z - \partial_z P \\ \partial_x v_x + \partial_z v_z = 0 \end{cases} \quad (2.49)$$

Par différenciation croisée des deux équations de Navier-Stokes et en utilisant la conservation de la masse, après adimensionnement, il vient

$$(\partial_t - Pr(\partial_{x^2} + \partial_{z^2}))(\partial_{x^2} + \partial_{z^2})v_z = 0, \quad (2.50)$$

où $Pr = \eta/\rho\kappa$ est le nombre de Prandtl.

- *L'équation de la chaleur* :

$$(\partial_t + (v_x\partial_x + v_z\partial_z))T = \kappa(\partial_{x^2} + \partial_{z^2})T, \quad (2.51)$$

qui devient après adimensionnement,

$$(\partial_t + (v_x\partial_x + v_z\partial_z))T = (\partial_{x^2} + \partial_{z^2})T. \quad (2.52)$$

Comme conditions aux limites, nous considérerons que le fond de la boîte est fixé, et en $z = 0$, on écrit que $v_z = v_x = 0$.

La surface, en $z = d$, est libre, $v_z = 0$ et la continuité de la contrainte tangentielle en incluant les effets de tension superficielle s'écrit

$$\eta \partial_z v_x = -B \partial_x T. \qquad (2.53)$$

La surface inférieure sera considérée isotherme à $T = T_0$ et la surface libre, conductrice partielle de chaleur, telle qu'en $z = d$, $-k \partial_z T = qT$ où il a été introduit q, taux de dépendance en température du flux de chaleur à travers la surface externe. Ce taux est une fonction complexe de l'interaction entre le fluide et le milieu environnant.

Afin d'effectuer une étude de stabilité marginale, nous allons considérer l'état d'équilibre au repos, purement conductif, perturbé par des hétérogénéités de température d'un ordre inférieur à celui du champ de température au repos. Ces dernières créent un champ de vitesse, également négligeable devant l'état purement conductif. Au repos, la chaleur est évacuée par conduction pure, le long d'un gradient de température $\beta = dT/dz$, la température s'écrit donc,

$$T = T_0 - \beta \frac{z}{d} + \beta \Theta, \qquad (2.54)$$

où β a été introduit en facteur de la perturbation de température Θ afin de l'éliminer dans l'équation qui suit.

En variable adimensionnée, les équations de la dynamique se réécrivent,

$$\begin{cases} (\partial_t - Pr(\partial_{x^2} + \partial_{z^2}))(\partial_{x^2} + \partial_{z^2})v_z = 0, \\ \partial_t \Theta = (\partial_{x^2} + \partial_{z^2})\Theta + v_z. \end{cases} \qquad (2.55)$$

Avec les conditions aux limites :

$$\begin{cases} v_z = v_x = 0 \text{ en } z = 0, \\ v_z = 0 \text{ et } \partial_z v_x = -\text{Ma}\, \partial_x \Theta \text{ en } z = 1, \\ \Theta = 0 \text{ en } z = 0, \\ \partial_z \Theta = -L\Theta \text{ en } z = 1, \end{cases} \qquad (2.56)$$

où $\text{Ma} = \frac{B\beta d^2}{\eta \kappa}$ est le nombre de Marangoni et $L = \frac{qd}{k}$ mesure l'efficacité de la surface libre à évacuer la chaleur.

Dans le cadre d'une étude en modes normaux, nous allons envisager une forme sinusoïdale pour les variations horizontales, et une évolution exponentielle pour la dépendance temporelle,

$$v_z = f(z)e^{pt}\sin(kx) \text{ et } \Theta = g(z)e^{pt}\sin(kx), \qquad (2.57)$$

où les fonctions f et g sont solutions du système,

$$\begin{cases} (p - Pr(-k^2 + \partial_{z^2}))(-k^2 + \partial_{z^2})f = 0, \\ pg = (-k^2 + \partial_{z^2})g + f. \end{cases} \qquad (2.58)$$

A la limite de stabilité ($p = 0$), f est solution d'une équation biharmonique tandis que g est solution de l'équation de poisson avec $-f$ comme source.

Les solutions d'une équation bi-harmonique sont de la forme $(a_1 + b_1 z)\cosh(kz) + (a_2 + b_2 z)\sinh(-kz)$, et nous chercherons les solutions g sous la forme $(mz^2 + nz + l)\cosh(kz) + (pz^2 + qz + r)\cosh(-kz)$. L'équation liant g à f élimine 4 inconnues et il reste à déterminer 6 inconnues par les conditions aux limites. Pour mémoire, f et g s'expriment comme :

$$\begin{cases} f(z) = (a_1 + b_1 z)\cosh(kz) + (a_2 + b_2 z)\sinh(-kz), \\ g(z) = (\frac{b_2}{4k}z^2 + (\frac{a_2}{2k} + \frac{b_1}{4k^2})z + a_3)\cosh(kz) - (\frac{b_1}{4k}z^2 + (\frac{a_1}{2k} + \frac{b_2}{4k^2})z + a_4)\sinh(-kz). \end{cases}$$
(2.59)

Les conditions aux limites fournissent un système de 6 équations dont les 6 inconnues sont $(a_1, b_1, a_2, b_2, a_3, a_4)$. Ce système est sans second membre. Afin que des solutions non triviales émergent il est nécessaire que son déterminant soit nul. Ceci se traduit par une relation reliant le nombre de Marangoni au nombre d'onde k et à l'efficacité de l'évacuation de la chaleur L :

$$\mathrm{Ma} = 8k \frac{(k\cosh(k) + L\sinh(k))(k - \sinh(k)\cosh(k))}{k^3 \cosh(k) - \sinh(k)^3}.$$
(2.60)

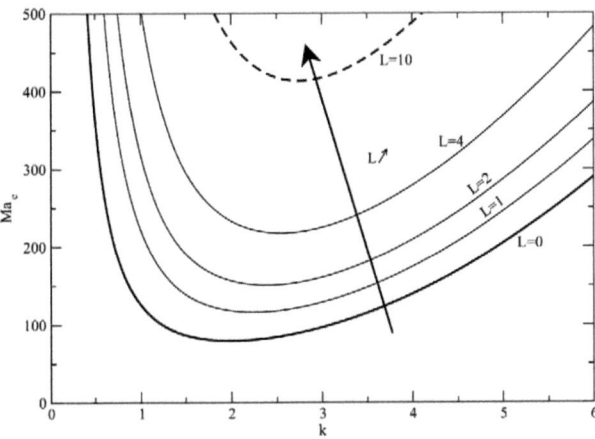

FIGURE 2.10 – *Courbe de stabilité marginale de la convection de Bénard-Marangoni. Ces courbes délimitent les zones de stabilité et d'instabilité par rapport au nombre d'onde k. En-dessous de ces courbes, le système reste stable, tandis qu'au-dessus, le système se déstabilise.*

La famille de courbes délimitant la zone de stabilité est représentée sur la figure 2.10. Lorsque le paramètre L est nul, le transfert de chaleur est nul à la surface. la convection de Marangoni est aisée à mettre en place dans ces conditions. Par contre, lorsque L tend vers l'infini, la surface libre est infiniment conductrice, toutes les hétérogénéités de température sont immédiatement évacuées et la convection de Marangoni ne peut se mettre en place.

Lorsque le nombre d'onde tend vers l'infini, c'est-à-dire lorsque la longueur d'onde caractéristique du système devient infiniment petite, le nombre de Marangoni critique tend vers $8k^2$. Ceci implique que la vitesse à la surface est de l'ordre de e^{-kz}/k, selon la condition aux limites en surface, $z = 1$. Les mouvements ont donc lieu sur une épaisseur $1/k$. Les matériaux chauds qui arrivent en surface sont à peine plus chauds que ceux qui y sont déjà et l'instabilité convective est peu vigoureuse. Le maximum de vigueur est trouvé lorsque $k \sim 1/d$: les mouvements de convection ont lieu dans l'ensemble de la cellule et favorisent fortement le transfert de chaleur de la surface en régime forcé vers la surface libre.

Le nombre de Marangoni s'exprime $\text{Ma} = B\Delta T d/(\eta \kappa)$, tandis que le nombre de Rayleigh s'écrit $\text{Ra} = \alpha \rho_0 g \Delta T d^3/(\eta \kappa)$. Ainsi, le rapport du nombre de Rayleigh sur le nombre de Marangoni est

$$\frac{\text{Ra}}{\text{Ma}} = \frac{\alpha \rho_0 g}{B} d^2$$
$$= \frac{d^2}{d_0^2}.$$

Où d_0^2 ne dépend que des propriétés intrinsèques du fluide. Pour chaque fluide, il existe une épaisseur d_0 telle que si la couche de fluide est inférieure à cette couche, la convection de Bénard-Marangoni domine par rapport à la convection de Rayleigh-Bénard. Plus la couche est mince plus les effets de surface deviennent prépondérants sur l'entraînement d'instabilités en masse.

2.3.3 Cas où les nombres de Prandtl et de Marangoni sont infinis

Dorénavant nous allons étudier le cas des fluides infiniment visqueux et présenter un traitement original des relations de conservations qui permet une description de la convection de Bénard-Marangoni pour un fluide d'extension infinie dans la direction perpendiculaire à sa surface libre. Cette méthode qui permet de décrire le comportement du fluide au-delà de la stabilité marginale fut proposée par Thess *et al.* (1995) et étendue à une plus grande classe de phénomènes par les mêmes auteurs, deux années plus tard (Thess *et al.* , 1997). Le système auquel nous allons nous intéresser est un fluide tri-dimensionnel d'extension infinie selon z et présentant une surface libre d'extension également infinie en $z = 0$. Cette surface est le siège d'une fluctuation de tension superficielle. Nous allons supposer que cette fluctuation a une origine thermique ou chimique. Dans les deux cas, on peut écrire une relation de conservation bi-dimensionnelle pour la grandeur θ à l'origine des fluctuations de tension superficielle,

$$\partial_t \theta + \boldsymbol{\nabla}_H (\boldsymbol{v}_H \theta) = D \boldsymbol{\nabla}_H^2 \theta, \qquad (2.61)$$

où ∇_H représente la composante horizontale du vecteur dérivation tri-dimensionnel ∇ et D, le coefficient de diffusion de la grandeur θ.

Dans la limite où le nombre de Prandtl tend vers l'infini, l'équation de Navier-Stokes se réduit à l'équation de Stokes, reliant linéairement les contraintes aux forces de volume

$$-\boldsymbol{\nabla} P + \eta \Delta \boldsymbol{V} + \boldsymbol{F} = 0. \qquad (2.62)$$

Où $\boldsymbol{F}$ représente les forces de volume que nous considérerons comme nulles à présent. Introduisons les transformées de Fourier de la vitesse et de la température, telles que

$$\begin{aligned}\theta(\boldsymbol{x}) &= \frac{1}{4\pi^2} \int \hat{\theta}(\boldsymbol{k}) e^{i\boldsymbol{k}\boldsymbol{x}} \, \mathrm{d}^2 \boldsymbol{k}, \\ \boldsymbol{V}(\boldsymbol{x}) &= \frac{1}{4\pi^2} \int \hat{\boldsymbol{V}}(\boldsymbol{k}) e^{i\boldsymbol{k}\boldsymbol{x}} \, \mathrm{d}^2 \boldsymbol{k}.\end{aligned} \qquad (2.63)$$

Le rotationel de l'équation de Stokes pris une première fois et projeté selon z amène à

$$\eta(\partial_z^2 - k^2)\hat{\Omega}_z = 0, \tag{2.64}$$

tandis que le double rotationnel de l'équation de Stokes, projeté selon z amène,

$$\eta(\partial_z^2 - k^2)^2 \hat{V}_z = 0, \tag{2.65}$$

où Ω est le rotationel de v. La vitesse verticale et la vorticité suffisent à déterminer l'écoulement dans sa globalité,

$$\hat{V}_x = \frac{\mathrm{i}k_x}{k^2}\partial_z \hat{V}_z + \frac{\mathrm{i}k_y}{k^2}\partial_z \hat{\Omega}_z \tag{2.66}$$

$$\hat{V}_y = \frac{\mathrm{i}k_y}{k^2}\partial_z \hat{V}_z - \frac{\mathrm{i}k_x}{k^2}\partial_z \hat{\Omega}_z \tag{2.67}$$

Les conditions aux limites de surface libre décrite précédemment restent valables et s'écrivent en terme de transformées de Fourrier comme,

$$-\eta \partial_{z^2}\hat{V}_z = Bk^2\hat{\theta}, \ \hat{V}_z = 0 \text{ et } \partial_z \hat{\Omega}_z = 0. \tag{2.68}$$

D'autre part toutes les grandeurs doivent rester finies à l'infini. La solution de l'équation biharmonique a été explicitée plus haut, et les solutions sont aisément dérivables,

$$\hat{V}_z = -kz\frac{B}{2\eta}\hat{\theta}\mathrm{e}^{kz} \tag{2.69}$$

$$\hat{\Omega}_z = 0 \tag{2.70}$$

La vitesse verticale est reliée au champ de température en surface. Ce dernier évolue par advection-diffusion à l'aide du champ de vitesse horizontale à la surface. Soit $\boldsymbol{V}_H$ le champ de vitesse bi-dimensionnel à la surface libre. Les équations (2.66) et (2.67) couplées à la solution (2.69) peuvent être écrites en $z=0$ sous la forme condensée

$$\hat{\boldsymbol{V}}_H = -\frac{B}{\eta}\frac{\mathrm{i}\boldsymbol{k}}{2k}\hat{\theta} \tag{2.71}$$

Cette relation entre la vitesse horizontale en surface et les hétérogénéités de température ou de concentration chimique fournit une relation de fermeture à la relation de conservation bi-dimensionnelle (2.61). Cette modélisation permet la description complète de l'instabilité de Bénard-Marangoni à l'aide d'un champ vectoriel ($\boldsymbol{V}_H$) et d'un champ scalaire (θ) tous deux bi-dimensionnels. Cela fournit un outil élégant à l'étude d'un système hors-équilibre. La figure 2.11 est un exemple de résultats obtenus à l'aide d'une telle description. On observe un resserrement des fronts de température. Cela correspond bien aux processus qualitatifs décrits précédemment, les mouvements tendent à élargir les zones de hautes températures (de faible tension superficielle) et réduire les zones de faibles températures (grande tension superficielle). Ces résulats sont analogues à ce que l'on observe lors d'expériences analogiques de convection sur de fines couches pour lesquels la convection de Rayleigh-Bénard est négligeable (voir la figure 2.12).

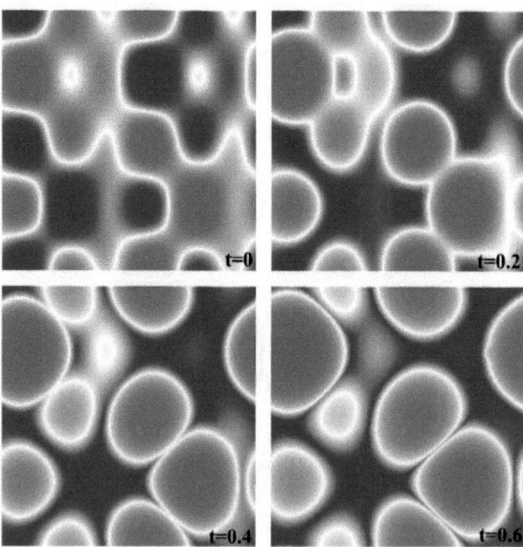

FIGURE 2.11 – *Expérience de Marangoni décrite selon le système de Thess et al. (1997). L'abscence de diffusion préserve les motifs originaux mais on observe un resserrement des fronts d'hétérogénéité.*

2.3.4 lien formel avec la convection de Rayleigh-Bénard à grand nombre de Rayleigh

Nous avons déjà signalé que lorsque le nombre de Rayleigh tend vers l'infini, la dynamique du système tend à se réduire à une mince couche de fluide proche de la surface. Ce comportement présente quelques analogies avec la description de la convection de Bénard-Marangoni, dans la mesure où cette dernière est décrite à partir de la dynamique de la zone infiniment étroite par rapport à l'extension totale du système de l'interface entre le milieu décrit et son environnement. Cette analogie n'est pas simplement anecdotique, elle est la base du modèle qui sera décrit dans la prochaine section. Mais avant de développer ce formalisme, essayons de dresser un parallèle entre ces deux mécanismes.

Résoudre la problématique de la convection de Bénard-Marangoni à nombre de Prandtl infini revient essentiellement à résoudre l'équation de Stokes dans le fluide en imposant une contrainte surfacique proportionnelle aux variations latérales de température :

$$\text{Convection de Bénard-Marangoni} = \begin{cases} \text{Equation de stokes} \\ + \\ \tau_{Hz} \sim \nabla\theta \end{cases} \quad (2.72)$$

où τ_{Hz} est un vecteur horizontale dont les coordonnées x et y sont τ_{xz}, τ_{yz}.

Le processus convectif en masse de Rayleigh-Bénard peut être décrit d'une manière similaire. Afin de s'en persuader, nous allons esquisser le raisonnement proposé par Fleitout et Froidevaux

FIGURE 2.12 – *Zoom sur les cellules de convection obtenues dans les conditions de Bénard-Marangoni, avec de une couche de 1mm d'huile de silicone (tiré de Van Dyke, 1982)*

(1983). Considèrons l'équilibre dynamique d'une plaque lithosphérique, siège d'hétérogénéités de température. Nous allons fournir une description à grande longueur d'onde, ce qui nous permet de négliger les variations verticales des contraintes sur l'épaisseur de la lithosphère. L'équilibre vertical implique

$$\bar{\tau}_{zz} = \frac{1}{L} \int_{Lithos} \alpha \rho_0 g \theta z \, \mathrm{d}z. \tag{2.73}$$

Ce qui induit l'expression suivante pour les contraintes horizontales sous la lithosphère (en L) :

$$\frac{1}{L}\tau_{xz}^L = \partial_x \bar{\tau}_{zz} + \partial_x \left(\bar{\tau}_{xx} - \bar{\tau}_{zz} \right) \tag{2.74}$$

En considérant que l'écart de contraintes normales $\bar{\tau}_{xx} - \bar{\tau}_{zz}$ est d'un ordre inférieur à $\partial_x \bar{\tau}_{zz}$, il apparaît que la contrainte horizontale sous la lithosphère est proportionnelle au gradient de l(intégrale $\int_{Lithos} \alpha \rho_0 g \theta z \, \mathrm{d}z$. Sous la lithosphère, la température est uniforme, et la dynamique se dérive simplement de la résolution de Stokes. Pour résumer, sous certaines conditions que nous allons largement détailler ultérieurement, la convection de Rayleigh-Bénard peut se décrire de la manière suivante :

$$\text{Convection de Rayleigh-Bénard} = \begin{cases} \text{Equation de stokes} \\ + \\ \tau_{Hz} \sim \nabla \int z\theta \, \mathrm{d}z \end{cases} \tag{2.75}$$

Cela permet de développer un formalisme identique à celui proposé par Thess *et al.*, offrant l'opportunité de décrire la convection tri-dimensionnelle à l'aide d'un système bi-dimensionnel.

2.4 Un modèle 2D de la convection 3D de Rayleigh-Bénard

La compréhension de la convection à grand nombre de Rayleigh est difficile pour plusieurs raisons. La modélisation numérique est gourmande en mémoire et en temps car plus le nombre de Rayleigh est grand, plus les structures développées sont fines, ce qui demande une grande résolution. En effet, le nombre de Rayleigh mesure un rapport de temps caractéristiques et un grand nombre de Rayleigh est atteint en augmentant les temps des diffusions thermiques et visqueuse, ce qui diminue les tailles caractéristiques des structures (une hétérogénéité très petite reste stable plus longtemps) et nécessite une meilleure résolution spatiale. D'autre part, lorsqu'on atteint des régimes de convection chaotiques, il devient très difficile de dégager des propriétés analytiques.

Pourtant, l'étude succinte que nous avons mené sur les effets liés à la ride semble indiquer qu'il est possible d'étudier la dynamique de la couche limite de manière intrinsèque. En effet, dans les descriptions traditionnelles en terme de couche limite, les auteurs font intervenir une cellule de convection complète. Mais lorsque le nombre de Rayleigh devient très grand, il est clair que la dynamique de chaque couche limite devient indépendante. C'est le cas pour la Terre où le volcanisme intra-plaque est la signature de la dynamique de la couche limite inférieure, l'interface Noyau-Manteau si l'on envisage une convection mettant en jeu tout le manteau. C'est pourquoi nous proposons un modèle permettant la description de la dynamique d'un système convectif à nombre de Rayleigh infini.

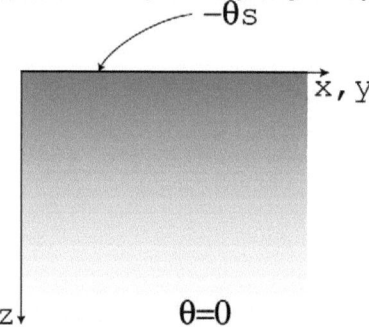

FIGURE 2.13: Milieu semi-infini refroidi par au-dessus

Pour cela, l'objet d'étude sera la dynamique d'un milieu semi-infini initialement à l'équilibre thermique sur lequel on applique une anomalie de température froide (chaude) sur le bord supérieur (inférieur). Ainsi, nous nous retrouvons dans une configuration équivalente à une expérience de convection avec un nombre de Rayleigh infini, dans la mesure où nous considérons que l'écart de température θ_s se situe entre la surface (en z=0) et l'infini. Cette étude a fait l'objet d'un article que nous retranscrivons ici. Dans cet article, une description bi-dimensionnelle de la convection tri-dimensionnelle est dérivée. Les méthodes appliquées sont équivalentes en essence à celles que nous avons utilisées pour décrire la topographie d'une ride et la poussée qu'elle induit. Une étude de stabilité marginale est menée, suivi d'une caractérisation des singularités qui apparaissent. Enfin, la description de la convection pleinement développée est faite, suivie de sa caractérisation à l'aide de la relation Nusselt-Rayleigh.

J. Fluid Mech. (2000), vol. 414, pp.225-250.

A model for the emergence of thermal plumes in Rayleigh-Bénard convection at infinite Prandtl number

By C. LEMERY[1], Y. RICARD[1] AND J. SOMMERIA[2]

[1]Laboratoire de Sciences de la Terre, ENSL, 46 , allée d'Italie, 69364 Lyon Cedex 07, France
[2] Laboratoire de Physique, ENSL, 46, allée d'Italie, 69364 Lyon Cedex 07, France

(Received 28 June 1999 and in revised form 28 February 2000)

We propose a two-dimensional model of the three-dimensional Rayleigh-Bénard convection in the limit of very high Prandtl number and Rayleigh number, like in the earth mantle. The model equation describes the evolution of the first moment of the temperature anomaly in the thermal boundary layer, which is assumed thin with respect to the scale of motion. This two-dimensional field is transported by the velocity that it induces and is amplified by surface divergence. This model explains the emergence of thermal plumes, which arise as finite time singularities. We determine critical exponents for these singularities. Using a smoothing method we go beyond the singularity and reach a stage of developed convection. We describe a process of plume merging, leaving room for the birth of new instabilities. The heat flow at the surface predicted by our 2D model is found in good agreement with available data.

1. Introduction

Thermal plumes are ubiquitous in convection at high Rayleigh number, far from the threshold of instability (e.g. Nataf, 1991; Siggia, 1994). The development of a convectiveplume from a localized source is a well-known process, and self-similar solutions of the equations of motion are available (Batchelor, 1954; Sparrow, Husar & Goldstein, 1970; Moses, Zocchi & Libchaber, 1993; Olson & Singer, 1993). However the *emergence* of a plume from a uniformly heated surface is not clearly understood. Plumes are strongly non-linear structures, out of reach of perturbative methods on the instability modes. Modeling the statistics of plume production and interactions is a challenge, and it is a central issue for predicting the heat flux average and its variability.

The aim of the present paper is to propose a model for the emergence of convective plumes and their further interactions. Our main hypothesis is that the fluid interior is well mixed, and temperature anomalies are restricted to a thermal boundary layer, which is thin in comparison with horizontal scales. This condition can be always satisfied for an appropriate initial condition: starting from a fluid at uniform temperature, we suddenly impose a different surface temperature θ_S (with a perturbation at large scale to initiate the instability). Then temperature diffuses within a thin boundary layer until convection is initiated, and thermal plumes emerge as singularities arising after a finite time in our boundary layer approximation.

Then the approximation breaks down: plumes are fully developed and feed the interior with temperature anomalies. However, we shall still capture the main features of the dynamics with an appropriate phenomenological smoothing of the singularities. The further plume interactions will be described and the mean heat flux will be obtained by a numerical model with reduced dimensionality: a two-dimensional model on the horizontal heated surface represents the three-dimensional convection.

The development of a thermal plume is driven by the non-linearity in the heat transport equation, rather than by hydrodynamic turbulence, so this phenomenon can be conveniently analyzed in the limit of high Prandtl number, for which inertia is neglected. We therefore restrict our study to this limit of high Prandtl number, and we furthermore assume a free surface condition.

This convection regime ($Ra >> 1$, $Re << 1$ and $Pr >> 1$) corresponds to that of the silicated parts of Earth-like planetary interiors (e.g. Bercovici, Ricard & Richards 2000); as an example, for the Earth's mantle, i.e, the outer 3000 km of our planet, one has $Ra = 10^8$, $Re = 10^{-15}$ and $Pr = 10^{23}$.

In such planetary interiors, the viscosity increases by many orders of magnitude in the relatively thin upper layers, due to the lower temperature. Describing this rapid variation of viscosity with depth is a severe difficulty for full three-dimensional convective models. In our boundary layer model instead, this effect shows up as a viscosity of the 'surface skin'. Various rheologies of this surface skin could be implemented as well, accounting for the formation of rigid plates with complex fracturation properties, which are still out of reach of current convection models.

The general idea of this paper is to reduce the dimensionality of a convective system by integration of the dynamic equations across the boundary layers. Such a procedure has been fruitfully used to investigate the dynamics of bubbles (e.g. Pozrikidis, 1992) or the situations more akin to thermal convection as the Rayleigh-Taylor instability (Canright & Morris, 1993) and the Marangoni convection (Thess, Spirn & Jüttner, 1997). It is also a classical method in the geophysical literature to study the equilibrium of tectonic plates (Vilotte & Daignières, 1982; England & McKenzie, 1982; Houseman & England, 1986; Bird, 1988). However, the application to Rayleigh-Bénard convection where both the mechanical and thermal equations are integrated has never been done before and allows us to describe mathematically the destabilisation of the thermal boundary layers qualitatively explained by Howard (1966).

In next subsection, we present our boundary layer model. We first derive general relationships valid for any rheology, and then specify the model for a Newtonian fluid. We find that the effect of buoyancy in the thermal boundary layer results in a horizontal stress acting on the interior flow. This stress has formal similarities with surface tension effects in Marangoni convection, as analyzed by Thess *et al.* (1997). In their model, the surface temperature field induces a surface velocity field, obtained by solving the Stokes problem in the interior, with the boundary condition given by the viscous stress at the surface. Therefore the surface temperature is transported by a velocity which depends linearly, but non-locally, on the temperature field. The 'closure relationship' relating the surface velocity to temperature has a simple expression in Fourier space (but is non-local in real space). We find the same closure relationship as in the Marangoni case, but the active quantity is the first moment of the temperature in the boundary layer, instead of the surface temperature. This quantity is transported like temperature, but with an additional production term, which leads to the onset of singularities with infinite values, representing the thermal plumes. In Marangoni convection instead, the temperature remains finite, but its spatial derivatives become singular.

In subsection 3, we study the initial growth of our boundary layer by a linear stability analysis. In subsection 4 we discuss in detail the closure relationship giving the velocity field induced by different temperature fields. The properties of the singularities generated in the model is discussed in subsection 5. Finally in subsection 6, we propose a simple phenomenological smoothing of the singularities, allowing to reach a permanent convective regime. Plumes (smoothed singularities) are observed to merge under the effect of their induced velocity field, and new plumes are formed between existing ones. We extend the model to two dimensions, representing 3D convection, with the formation of convective lines. The averaged heat flux is also calculated, and found in good agreement with numerical results found in the literature.

2. A 2D model of 3D Rayleigh-Bénard convection

The 3D model

We study thermal convection driven by buoyancy forces in the Boussinesq approximation. We assume that the Prandtl number, i.e., the ratio between the kinematic viscosity ν and thermal diffusivity κ is very large so that the Reynolds number is very small. In these conditions, the equations controlling the dynamic read:

$$\nabla \cdot \boldsymbol{v} = 0, \tag{1}$$

$$\nabla \cdot \boldsymbol{\tau} + \rho \boldsymbol{g} = 0, \tag{2}$$

$$\frac{\partial \theta}{\partial t} + (\boldsymbol{v} \cdot \nabla)\theta = \nabla \cdot (\kappa \nabla \theta). \tag{3}$$

They express respectively the conservation of mass, the balance of forces (neglecting inertia), and the heat transport. τ denotes the total stress tensor, which will be related to the velocity v by an appropriate rheology, and g the acceleration of gravity. Equations (2) and (3) are coupled as the density ρ varies with temperature θ as $\rho = \rho_0(1 - \alpha\theta)$, with $\alpha\theta \ll 1$.

We consider for simplicity a uniform gravity (although our method readily extends to a spherical geometry). The surface is supposed infinite in the horizontal directions x and y. The z axis is directed downward and the convective system extends infinitely in the direction of positive z. The motion is driven by temperature anomalies near the surface, while the deep interior is supposed at uniform temperature. We choose this temperature as the reference temperature, so that $\theta \to 0$ for $z \to +\infty$ and θ reaches θ_S, which is negative, at the surface. Furthermore, since the motion is damped in the deep interior ($z \to +\infty$), the stress tensor reduces asymptotically to a pressure p_0, $\tau_{ij} \to -p_0\delta_{ij}$, and equation (2) reduces to the hydrostatic relation $\nabla p_0 = \rho_0 \boldsymbol{g}$, or $p_0 = \rho_0 g z$. The origin of the coordinate z is chosen in order to cancel the constant of integration which should appear in this expression. In other words, the free surface is at $z = 0$ in the reference state with $\theta = 0$ everywhere. We express the stress tensor τ as the sum of the reference hydrostatic pressure and a stress τ', which is driven by the temperature heterogeneity θ and vanishes at large depth,

$$\tau_{ij} = \tau'_{ij} - \rho_0 g z \delta_{ij} \qquad (4)$$

In summary, the conditions in the deep interior are

$$\boldsymbol{v} \to 0, \quad \tau'_{ij} \to 0, \quad \theta \to 0, \quad \text{for } z \to +\infty \qquad (5)$$

For motion with sufficiently large horizontal scales, the stress τ' reduces to the hydrostatic pressure associated with the temperature heterogeneity θ. Its typical value is $\rho_0 g \alpha \theta H$, where H is the thickness of the thermal boundary layer, much smaller than the horizontal scale of motion L. The hydrostatic balance provides in all cases a first order estimate of the stress τ',

$$|\tau'| = o(\rho_0 g \alpha \theta H) \ll \rho_0 g H. \qquad (6)$$

Due to the temperature heterogeneity θ, the free surface is slightly deformed, to a 'depth' $z = -h(x,y)$, much smaller than H, and the normal $\boldsymbol{n}$ to the surface is nearly vertical. The free surface condition imposes that the normal components of the total stress tensor vanish, $\tau \cdot \boldsymbol{n} + \rho_0 g h \boldsymbol{n} = 0$. With the estimates (6) for $|\tau'|$, it results that $h/H \sim \alpha\theta$. We can therefore take the stress tensor τ' at $z = 0$ for the free surface condition, within an error of order $(\alpha\theta)^2$ (as estimated by linearizing τ' with respect to z). Furthermore, the slope n_x/n_z (or n_y/n_z) is of order $h/L = \alpha\theta H/L$, and it can be safely neglected, so we can write the free surface conditions as

$$\tau'_{xz}(x,y,0) = \tau'_{yz}(x,y,0) = 0, \qquad (7)$$

$$\tau'_{zz}(x,y,0) = -\rho_0 g h(x,y). \qquad (8)$$

It provides a free slip condition at $z = 0$ for the tangential stresses, while the normal component τ'_{zz} determines the weak topography $h(x,y)$. In addition to these dynamical conditions, we have the kinematic condition for a material surface, which reduces to

$$v_z(x,y,0) = 0 \qquad (9)$$

within our approximations.

In summary, the three components of the equation of motion (2) write,

$$\partial_x \tau'_{xx} + \partial_y \tau'_{xy} + \partial_z \tau'_{xz} = 0, \qquad (10)$$

$$\partial_x \tau'_{yx} + \partial_y \tau'_{yy} + \partial_z \tau'_{yz} = 0, \qquad (11)$$

$$\partial_x \tau'_{zx} + \partial_y \tau'_{zy} + \partial_z \tau'_{zz} = \rho_0 \alpha g \theta. \qquad (12)$$

They must be solved together with (1) and (3), using the appropriate rheology, and with the boundary conditions (5),(7),(8) and (9).

Integration of the stress across the boundary layer

The thermal boundary layer entrains the interior like a 'skin' driven by gravity effects, and this process can be described by integrating the equations of motion across the boundary layer. We denote $\bar{X}$ the z-integrated value of a quantity X, from $z = 0$ to the depth Z. We first get exact equations, but will then assume that Z is much smaller than the horizontal scale of motion L, while beyond the boundary layer (where $\theta \approx 0$), $H \lesssim Z \ll L$.

Such a vertical integration, applied to the vertical component of the equation of motion (12), yields, using the free surface condition (8),

$$\partial_x \bar{\tau}'_{zx} + \partial_y \bar{\tau}'_{zy} + \tau'_{zz} + \rho_0 g h = \rho_0 g \alpha \bar{\theta}, \tag{13}$$

giving the topography $-h(x,y)$ from the dynamical variables. Applying this relation to the deep interior, $z \to +\infty$, τ'_{zz} vanishes. For sufficiently large scales, the horizontal derivatives become negligible, and (13) reduces to $h = \alpha \bar{\theta}$, which simply expresses Archimedes principle, also called isostasy among geophysicists.

To get a constraint on the dynamical variables, we multiply all terms of (12) by z before the vertical integration, yielding

$$\partial_x \overline{z\tau'_{zx}} + \partial_y \overline{z\tau'_{zy}} + Z\tau'_{zz} - \bar{\tau}'_{zz} = \rho_0 g \alpha \overline{z\theta}, \tag{14}$$

(where we have used an integration by part for the term in τ'_{zz}). The last term of the left hand side dominates the three first terms. Therefore, relation (14) relates the average vertical stress in the boundary layer to the first moment of the temperature. This behavior has already been emphasized in the geophysical literature and equation (14) has been sometimes called 'stress moment law' (Fleitout & Froidevaux 1982,1983; Ricard, Fleitout & Froidevaux 1984).

We similarly integrate the horizontal components (10) and (11) of the momentum equation, using the free surface condition (7),

$$\partial_x \overline{\tau'_{xx} - \tau'_{zz}} + \partial_y \overline{\tau'_{xy}} + \tau'_{xz} = -\partial_x \overline{\tau'_{zz}}, \tag{15}$$

$$\partial_x \overline{\tau'_{xy}} + \partial_y \overline{\tau'_{yy} - \tau'_{zz}} + \tau'_{yz} = -\partial_y \overline{\tau'_{zz}}. \tag{16}$$

We have written the two equations so that their left-hand side depend only on the deviatoric part of the stress tensor, which will be related to the velocity once the rheology is specified (in other words the pressure term has been eliminated on the left-hand side).

The right hand side of (15) and (16) can be related by (14) to the temperature moment, which we define as

$$M \equiv -\overline{z\theta} \tag{17}$$

$$\equiv -\int_0^\infty z\theta \, dz, \tag{18}$$

the sign minus is introduced to get M positive in the convection problem. Then (15) becomes

$$\tau'_{xz} + Z\partial_x \tau'_{zz} + \partial_x \overline{\tau'_{xx} - \tau'_{zz}} + \partial_y \overline{\tau'_{xy}} + \partial_x \partial_x \overline{z\tau'_{zx}} + \partial_x \partial_y \overline{z\tau'_{zy}} = -\rho_0 g \alpha \partial_x M. \tag{19}$$

All terms in the left-hand side depend only on the deviatoric part of the stress tensor, except the second term $Z\partial_x \tau'_{zz}$. We can rearrange this term by writing $\partial_x \tau'_{zz} = \partial_x(\tau'_{zz} - \tau'_{xx}) + \partial_x \tau'_{xx}$, and, using (10), $\partial_x \tau'_{xx} = -\partial_y \tau'_{xy} - \partial_z \tau'_{xz}$. Introducing this in (19), and repeating the same procedure for the y component, (15) and (16) transform into

$$\tau'_{xz} - Z\partial_z \tau'_{xz} + \partial_x[\overline{\tau'_{xx} - \tau'_{zz}} - Z(\tau'_{xx} - \tau'_{zz})] + \partial_y[\overline{\tau'_{xy}} - Z\tau'_{xy}] + $$
$$+ \partial_x \partial_x \overline{z\tau'_{zx}} + \partial_x \partial_y \overline{z\tau'_{zy}} = -\rho_0 g \alpha \partial_x M, \tag{20}$$

$$\tau'_{yz} - Z\partial_z\tau'_{yz} + \partial_y[\overline{\tau'_{yy} - \tau'_{zz}} - Z(\tau'_{yy} - \tau'_{zz})] + \partial_x[\overline{\tau'_{xy}} - Z\tau'_{xy}] +$$
$$+ \partial_y\partial_y\overline{z\tau'_{zy}} + \partial_x\partial_y\overline{z\tau'_{zx}} = -\rho_0 g\alpha \partial_y M, \quad (21)$$

which provides exact relations between the deviatoric part of the stress tensor, integrated over the ordinate range $[0, Z]$, and the first temperature moment M.

The left-hand side of these equations is clearly dominated by the first term, the other terms bringing corrections with relative magnitude Z/L and $(Z/L)^2$ (remembering that $\overline{X} \sim ZX$). Thus (20) and (21) state at first order that the thermal boundary layer drives the interior flow with a horizontal surface stress (τ'_{xz}, τ'_{yz}) proportional to the gradient of M on the surface. This is analogous to the free surface condition in Marangoni convection, for which M should be replaced by the surface temperature. Furthermore, we shall see in subsubsection 2.4 that M is advected by the horizontal flow, like a temperature (however there is an additional production term for M, proportional to the horizontal flow divergence, so the analogy with Marangoni convection is not exact).

Before proceeding further, it is useful to consider corrections of order Z/L on the left-hand side of (20) and (21). The second term $-Z\partial_z\tau'_{xz}$ can be viewed as a correction to linearly extrapolate τ'_{xz} from its value at depth $z = Z$ to $z = 0$. Therefore the boundary layer really acts as a surface skin at position $z = 0$, instead of the arbitrary position Z. The next two terms are related to horizontal shear effects, describing an horizontal viscosity of the surface skin. Finally, the last two terms are clearly of order $(Z/L)^2$ with respect to τ'_{xz} or τ'_{yz}, and can be neglected.

To get explicit results, we now assume a Newtonian rheology, with a viscosity η,

$$\tau'_{ij} = \eta(\partial_i v_j + \partial_j v_i) - p\delta_{ij}. \quad (22)$$

This viscosity is possibly non-uniform in the boundary layer, beyond which it reaches a uniform value η_0. We introduce the relative excess 'surface' viscosity

$$\sigma = \int_0^Z \frac{\eta(z) - \eta_0}{\eta_0} dz, \quad (23)$$

which becomes independent of the upper bound Z when it is beyond the boundary layer (since the integrand tends to 0). Introduction of this rheology in (20) and (21), expressing $\partial_z v_z = -\partial_x v_x - \partial_y v_y$ from the incompressibility condition, and considering that v_x and v_y can not depend on z over the boundary layer at first order, we get

$$-\partial_z v_x - 2\partial_x[\sigma(2\partial_x v_x + \partial_y v_y)] - \partial_y[\sigma(\partial_x v_y + \partial_y v_x)] = \frac{\rho_0 g\alpha}{\eta_0}\partial_x M, \quad (24)$$

$$-\partial_z v_y - 2\partial_y[\sigma(2\partial_y v_y + \partial_x v_x)] - \partial_x[\sigma(\partial_x v_y + \partial_y v_x)] = \frac{\rho_0 g\alpha}{\eta_0}\partial_y M. \quad (25)$$

The first terms of these two equations, $\partial_z v_x$ and $\partial_z v_y$ provide the stresses transmitted to the interior, i.e. the z-derivatives of the horizontal velocities for the internal flow taken at $z = 0$. These stresses are non-zero even though v_x and v_y in the boundary layer do not depend on z at first order.

As in usual fluid dynamics, we can decompose the horizontal strain into a traceless strain tensor T and a horizontal divergence,

$$\boldsymbol{T}_{xx} = -\boldsymbol{T}_{yy} = \partial_x v_x - \partial_y v_y, \quad (26)$$

$$\boldsymbol{T}_{xy} = \boldsymbol{T}_{yx} = \partial_x v_y + \partial_y v_x. \quad (27)$$

Then, denoting the horizontal velocity vector by $\boldsymbol{v}_H$ and the horizontal nabla operator by $\boldsymbol{\nabla}_H$, equations (24) and (25) can be written as

$$-\partial_z \boldsymbol{v}_H - \boldsymbol{\nabla}_H \cdot (\sigma \boldsymbol{T}) - \boldsymbol{\nabla}_H(3\sigma \boldsymbol{\nabla}_H \cdot \boldsymbol{v}_H) = \frac{\rho_0 g\alpha}{\eta_0}\boldsymbol{\nabla}_H M. \quad (28)$$

It provides boundary conditions at $z \to 0$ for the interior flow. The effect of the boundary layer on the interior is therefore equivalent to a surface skin providing a stress proportional to the horizontal gradient of M, with a two-dimensional shear viscosity $\sigma\eta_0$ and a compressional viscosity $3\sigma\eta_0$.

The interior flow

In the interior, the temperature heterogeneity θ vanishes, and we assume a constant viscosity η_0, so that the momentum equation (2) reduces to the Stokes equation,

$$\eta_0 \nabla^2 \boldsymbol{v} - \boldsymbol{\nabla} p = 0. \tag{29}$$

This equation must be solved, together with the incompressibility equation (1), with the conditions of decaying motion at $z \to +\infty$, and the boundary conditions at $z = 0$ provided by (28).

This problem is classically solved (see Chandrasekhar 1981) in terms of the vertical velocity v_z and vertical vorticity $\Omega_z = \partial_x v_y - \partial_y v_x$. These two quantities determine the poloidal and toroidal parts of the velocity field respectively, i.e. the Helmholtz decomposition of the horizontal velocity projection $\boldsymbol{v}_H$ in each horizontal plane,

$$\boldsymbol{v}_H = \boldsymbol{\nabla}_H \phi - \boldsymbol{e}_z \times \boldsymbol{\nabla}_H \psi, \tag{30}$$

where the first term is irrotational and the second term is non-divergent ($\boldsymbol{e}_z$ is the vertical unit vector). The two scalars ϕ and ψ are obtained from v_z and Ω_z by solving the Poisson equations, obtained by taking the horizontal divergence and the curl of (30) respectively,

$$\nabla_H^2 \phi = -\partial_z v_z, \tag{31}$$

$$\nabla_H^2 \psi = -\Omega_z. \tag{32}$$

For a velocity field with a harmonic horizontal dependence, $\boldsymbol{v} = \hat{\boldsymbol{v}}(z) e^{i \boldsymbol{k} \cdot \boldsymbol{r}}$ with $\boldsymbol{k} = (k_x, k_y)$, these relations yield (with $k \equiv |\boldsymbol{k}|$),

$$\hat{v}_x = \frac{i}{k^2}(k_x \frac{d\hat{v}_z}{dz} + k_y \hat{\Omega}_z), \tag{33}$$

$$\hat{v}_y = \frac{i}{k^2}(k_y \frac{d\hat{v}_z}{dz} - k_x \hat{\Omega}_z). \tag{34}$$

Taking the curl of (29) eliminates the pressure and yields $\nabla^2 \Omega_z = 0$, or equivalently

$$(\partial_z^2 + \nabla_H^2)\Omega_z = 0. \tag{35}$$

Taking the divergence of (29) yields $\nabla^2 p = 0$ (taking into account the flow incompressibility). Then taking the Laplacian of (29) yields $\nabla^4 \boldsymbol{v} = 0$, whose z component writes

$$(\partial_z^2 + \nabla_H^2)^2 v_z = 0. \tag{36}$$

Solutions with a sine wave horizontal dependence of (35) and (36), which vanish for $z \to +\infty$, are respectively,

$$\hat{v}_z = u \, z \, \exp(-kz), \tag{37}$$

$$\hat{\Omega}_z = w \exp(-kz). \tag{38}$$

Then the horizontal velocity components $\hat{v}_x$ and $\hat{v}_y$ are obtained from (33) and (34).

The boundary condition (28) at $z = 0$ is easily taken into account in the case of a uniform surface viscosity σ. Taking the horizontal divergence and curl of (28) then yield respectively,

$$\eta_0(\partial_z + 4\sigma\nabla_H^2)\partial_z v_z = \rho_0 g \alpha \nabla_H^2 M, \tag{39}$$

$$(\partial_z + \sigma\nabla_H^2)\Omega_z = 0. \tag{40}$$

Therefore the toroidal mode is not excited by convection for σ uniform ($\Omega_z = 0$ everywhere). Introducing expression (37) into (39) yields $2\eta_0(1 + 2\sigma k)u = \text{sign}(k)\rho_0 g \alpha k M$. The resulting relationships relating the surface velocity to the Fourier transform $\hat{M}(\boldsymbol{k})$ of the temperature moment can be

written
$$\hat{v}_H(k) = i\frac{k}{2k}\frac{1}{1+2\sigma k}\frac{\rho_0 g \alpha}{\eta_0}\hat{M}(k). \quad (41)$$

In this subsection we have assumed that below the thermal boundary layer the viscosity is uniform. However it would have been straightforward to develop a model with a vertically stratified viscosity at depth. For instance, if the interior is layered, equations (35) and (36) remain valid in each layer, but continuity of velocities and stresses must be imposed at each interface. Whatever the viscosity stratification, we would have obtained a linear relationship between the Fourier components of the surface velocity and those of the temperature moment with no excitation of toroidal motions. Thus, with minor modifications, our approach could be applied to planetary interiors where the viscosity is likely to increase with depth.

The transport of the first temperature moment

Since temperature acts only through its first moment M, it is useful to get an evolution equation for this quantity by taking the first moment of (3),

$$\frac{\partial M}{\partial t} + (v_H \cdot \nabla_H)M - \int_0^{+\infty} zv_z \frac{\partial \theta}{\partial z} dz = \nabla_H(\kappa \nabla_H M) - \int_0^{+\infty} z\frac{\partial}{\partial z}(\kappa \frac{\partial \theta}{\partial z}) dz. \quad (42)$$

In this equation we have permuted v_H and the vertical integration, assuming that v_H does not depend on z in the boundary layer, which is valid at order (H/L). This assumption also implies, by integration of the mass conservation equation (1), that $v_z = -z\nabla_H \cdot v_H$. Thus, using integrations by part, and reminding that both θ and $\partial \theta/\partial z$ tend to zero for $z \to +\infty$, and that $\theta = \theta_S$ at $z = 0$, we transform (42) into,

$$\frac{\partial M}{\partial t} + (v_H \cdot \nabla_H)M + 2M\nabla_H \cdot v_H = \kappa \nabla_H^2 M - \kappa \theta_S, \quad (43)$$

(assuming κ constant). Therefore we have transformed a 3D problems with 4 unknowns, θ and the three components of v, (equation (1)(2)(3)) into a 2D problem with 3 unknowns, M and the two components of v_H. To close the system we need to relate v_H to M, using (41) that will now be referred to as the 'closure law'.

To elucidate the physical meaning of M, we assume that the temperature is simply described by $\theta = \theta_S \text{erfc}(z/H(x,y,t))$, where erfc is the complementary error function, and H the thickness of the thermal boundary layer. Introduction of this temperature dependence in the definition of M (18) leads to

$$M(x,y,t) = -\frac{1}{4}\theta_S H^2(x,y,t), \quad (44)$$

which shows that $(M)^{\frac{1}{2}}$ is a measure of the thermal boundary thickness.

The first term of equation (43) is equal to $2(M)^{\frac{1}{2}}(\partial (M)^{\frac{1}{2}}/\partial t)$ and the second and third term can be combined together as $2(M)^{\frac{1}{2}}\nabla_H((M)^{\frac{1}{2}}v_H)$ so that equation (43) can be expressed as a transport equation for the quantity $(M)^{\frac{1}{2}}$.

By integration of this transport equation over the whole surface, we get

$$\frac{d}{dt}\iint (M)^{\frac{1}{2}} d^2r = \frac{\kappa}{4}\iint \frac{(\nabla_H M)^2}{(M)^{\frac{3}{2}}} d^2r - \frac{\kappa}{2}\iint \frac{\theta_s}{(M)^{\frac{1}{2}}} d^2r. \quad (45)$$

We remark that the left hand-side is conserved when κ is zero. This is not surprising as $(M)^{\frac{1}{2}}$ is proportional to the thickness of the boundary layer (44) and thus the previous equation expresses the conservation of the boundary layer volume in the absence of diffusion. The thermal diffusion increases the volume of the boundary layer by cooling at the surface, especially when the boundary layer is thin (the term $-\theta_s/(M)^{\frac{1}{2}}$ is large); and by lateral diffusion acting on the boundary layer undulations.

In the case $\sigma = 0$, the closure law reduces to $\hat{v}_H = i(k/2k)\hat{M}$. This is analogous to the result of Thess et al. (1997) for Marangoni convection, where M would be replaced by the surface temperature. However the equation (43) differs from a usual transport equation by the term $2M\boldsymbol{\nabla}_H \cdot \boldsymbol{v}_H$. When instability develops, this term will be a strong source of M, leading to a peak with diverging M, corresponding to the emergence of a thermal plume. Thess et al. (1997) also find the development of singularities in Marangoni convection, but the transported quantity (temperature) remains bounded.

3. Stability analysis

Non-dimensionalisation

It is convenient to get a non-dimensional version of our dynamical model, defining a length scale D by

$$D^3 = -\frac{\eta_0 \kappa}{\rho_0 g \alpha \theta_S}, \tag{46}$$

(θ_S is negative). This is the thickness for which the Rayleigh number, based on the vertical temperature difference θ_S, is unity. The time is then scaled by the diffusive time-scale (D^2/κ) and the temperature moment M by $-\theta_S D^2$. Using parameters applicable for the Earth D would be of order 10 km, the time scale about 3 Myrs and the moment scale about $1.5\ 10^5$ K.km^2. With this change of variables we obtain

$$\frac{\partial M}{\partial t} + (\boldsymbol{v}_H \cdot \boldsymbol{\nabla}_H) M + 2M\boldsymbol{\nabla}_H \cdot \boldsymbol{v}_H = \boldsymbol{\nabla}^2 M + 1, \tag{47}$$

$$\text{with} \quad \hat{\boldsymbol{v}}_H(\boldsymbol{k}) = \mathrm{i}\frac{\boldsymbol{k}}{2k}\,\frac{\hat{M}(\boldsymbol{k})}{1+2\sigma k}, \tag{48}$$

where for simplicity of notation we have kept the same symbols for the new quantities which are now without units. In the case $\sigma = 0$, the equation becomes universal, i.e. without any parameter.

We have written a numerical code solving the two previous equations (47) and (48). This pseudo-spectral code uses a fast Fourier transform with at most $(512)^2$ points in 1D or 2D and assumes periodicity. This code has been parallelized on 16 processors. As an initial condition we assume that M, either one or two dimensional, consists in a small amplitude white noise with a positive small average value (M is everywhere positive). The moment M always follows the typical evolution depicted in Figure 1. The average value of M, $<M>$ increases linearly with time and its perturbations $\max|M-<M>|$ starts to decrease (diffusive regime) then increases slowly (marginal growth) and reaches a finite-time singularity. The duration of each period depends on the initial conditions and the values of σ.

Marginal stability

A first insight on the behavior of our boundary layer model of Rayleigh-Bénard convection will be given by a marginal stability analysis. Let us assume that $M(x,t) = M_0(t) + m(k,t)\cos(kx)$ with $|m| << |M_0|$ and $M_0(0) = 0$, so that we start with a viscous half-space at zero temperature on which we suddenly impose a surface negative temperature. For simplicity, we first assume that $\sigma = 0$. By plugging the expression of M into equations (47) and (48), linearized with respect to the small amplitude m, we get

$$M_0(t) = t, \tag{49}$$

$$\frac{\partial m}{\partial t} = k(t-k)m. \tag{50}$$

The growth-rate factor of (50) is depicted in Figure 2 at a given time. Equation (50) shows that all wave-numbers between $k = 0$ and $k = t$ are unstable. The most unstable is the wavenumber $k_m = t/2$. The destabilization of the system thus starts at long-wavelength. This justifies our long-wavelength approximation, at least in the initial stage of the evolution.

Recording that (in real units) $M_0 \sim -\frac{1}{4}\theta_S H^2$ (44) where H is the thickness of the thermal

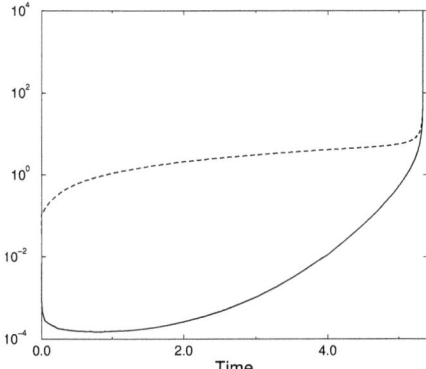

Figure 1: *Typical evolution of the averaged moment $<M>$ (dashed line) and the maximum of its fluctuation* $\max|M - <M>|$ *(solid line).* $<M>$ *increases linearly with time at the beginning (which is not obvious in this linear-logarithmic plot). Three phases are seen for the fluctuations: a decrease, a slow increase, and a finite-time instability. In this simulation we have assumed* $\sigma = 0$, *but qualitatively the same behavior is observed for non zero* σ.

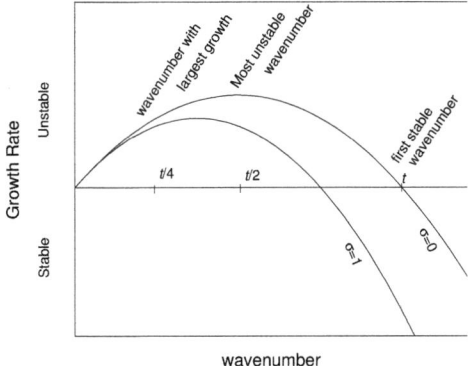

Figure 2: *Growth rate as a function of wavenumber (at a given time t) for a uniform viscosity fluid* ($\sigma = 0$) *or with a viscous lid* ($\sigma = 1$).

boundary layer, equation (49) simply says in real units that:

$$H^2 = 4\kappa t, \tag{51}$$

which just expresses the diffusive growth of the thermal boundary layer. The selection of the most unstable wavenumber can be rewritten

$$k_m H = -\frac{1}{4}\frac{\rho_0 \alpha g \theta_S H^3}{\eta_0 \kappa}, \tag{52}$$

stating that the most unstable wavenumber, normalized by the boundary layer thickness, is one fourth of the local Rayleigh number (which increases with $t^{\frac{3}{2}}$).

Equation (50) can be easily integrated, for a given k

$$m(t) = m_0 \exp[kt(\frac{t}{2} - k)] \tag{53}$$

The amplitude at any wavenumber first decreases by thermal diffusion then increases when the boundary layer is sufficiently thick to sustain the instability. At a given time, the wavelength perturbation that has grown most strongly corresponds to $k = t/4$. Assuming that in the white-noise initial conditions all wavenumbers had equal amplitudes, the perturbation maximum is roughly controlled by the wave-number that has grown the most, therefore,

$$\max m(t) \sim m_0 \exp\left(\frac{t^3}{16}\right), \tag{54}$$

or in real units

$$\max m(t) \sim m_0 \exp\left(\frac{1}{128}\frac{H^6}{D^6}\right). \tag{55}$$

This linear analysis is valid as long as $|m(t)| \ll M_0(t)$, i.e. as long as in figure 1 the continuous line ($|m(t)|$) stays below the dashed line ($M_0(t)$).

We can verify numerically these analytic solutions. Figure 3 represents the same data set as Figure 1, $\max_x [M(x,t)]$ but this time as a function of t^3. The numerical solution shows an excellent fit to the analytical expression.

In the case $\sigma \neq 0$, when additional viscous effects are present in the boundary layer, this marginal stability analysis has to be somewhat modified. The instantaneous growth-rate is decreased together with the range of unstable wavevectors (see Figure 2). Equation (54) has to be corrected and one gets at first order

$$m(t) = m_0 \exp\left(\frac{t^3}{16}\frac{1}{1+\sigma t}\right), \tag{56}$$

this instability growth is therefore slowed down by the effect of a viscous lid and we see numerically that the time for the singularity to occur, increases. Although equation (56) is qualitatively in agreement with the numerical experiments, quantitatively the agreement is poor as σt is rapidly of order unity and a higher order expansion should be done.

4. The closure relationship

Back in real space

From Figures 1 or 3, it seems obvious that the system exhibits finite time singularities. In order to describe what happens closer to this singularity, we must study in the real space our closure relationship (48). The multiplication of Fourier components corresponds to a convolution product in real space assuming that the surface of the fluid is unbounded

$$\boldsymbol{v}_H(\boldsymbol{r}) = \iint \boldsymbol{K}(\boldsymbol{r} - \boldsymbol{r}')M(\boldsymbol{r}')d^2\boldsymbol{r}', \tag{57}$$

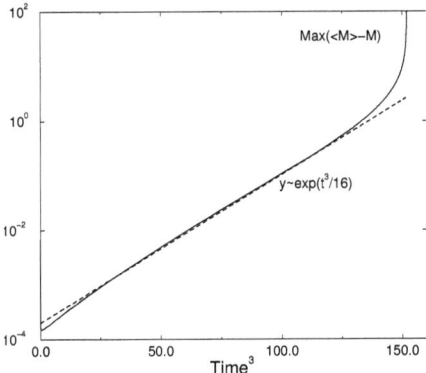

Figure 3: $\max |M- < M > |$ as a function of t^3. Starting from a white noise, the slope is 1/16 according to equation (54).

where $K(r)$ is the Fourier transform of $i(k/2k)(1+2\sigma k)^{-1}$. We will consider the two limiting cases, $\sigma = 0$, and $\sigma \gg 1$.

In the first case, one has $\hat{v}_H = i(k/2k)\hat{M}$, like described by Thess et al. (1997) for Marangoni convection. In real space the velocity is expressed as

$$v_H(r) = -\frac{1}{4\pi} \iint \frac{r-r'}{|r-r'|^3} M(r')\, d^2r' \equiv \mathcal{V}_0[M(r)], \qquad (58)$$

defining the non-local operator $\mathcal{V}_0$ relating the velocity field to the M field. This integral (58) as well as various other integrals that will be used in the next paragraphs must be understood in terms of Cauchy principal value determination. The kernel $K(r) = -1/(4\pi)r/|r|^3 = 1/(4\pi)\nabla(1/r)$ is formally identical to the Green function for the Laplacian with forcing at the boundary. The operator $\mathcal{V}_0$ is linear and is invariant by a change of scale $r \to \beta r$, reflecting the fact that convection of a half space (infinite layer) has no internal length-scale,

$$\begin{aligned}\mathcal{V}_0[\alpha M] &= \alpha \mathcal{V}_0[M], \\ \mathcal{V}_0[M(\beta r)] &= \mathcal{V}_0[M(r)].\end{aligned} \qquad (59)$$

In the opposite case $\sigma \gg 1$, the closure relation writes in Fourier space, $\hat{v}_H(k) = (ik/4\sigma k^2)\hat{M}(k)$. By multiplying this equation by ik, we deduce that

$$\nabla_H \cdot v_H = -\frac{M}{4\sigma}, \qquad (60)$$

which has the solution

$$v_H(r) = -\frac{1}{8\pi\sigma} \iint \frac{r-r'}{|r-r'|^2} M(r')\, d^2r' \equiv \mathcal{V}_\infty[M(r)]. \qquad (61)$$

Like with equation (58), the velocity field is related to M by a non-local operator, $\mathcal{V}_\infty$. This operator is also linear in M, but it is not anymore scale invariant because the convection system has now an internal length-scale as σ has the dimension of a length,

$$\mathcal{V}_\infty[\alpha M] = \alpha \mathcal{V}_\infty[M]$$
$$\mathcal{V}_\infty[M(\beta \boldsymbol{r})] = \beta \mathcal{V}_\infty[M(\boldsymbol{r})]. \tag{62}$$

The reverse transformation that gives the moment as a function of the surface velocity is easy to derive in the real space whatever σ is. The closure law (48) can also be written

$$\hat{M}(\boldsymbol{k}) = -2\,\mathrm{i}\frac{1+2\sigma k}{k}\boldsymbol{k}.\hat{\boldsymbol{v}}_H(\boldsymbol{k}), \tag{63}$$

which corresponds to

$$M(\boldsymbol{r}) = -4\mathcal{V}_0[\boldsymbol{v}(\boldsymbol{r})] - 4\sigma\boldsymbol{\nabla}\boldsymbol{v}_H, \tag{64}$$

(note that the operator $\mathcal{V}_0$ according to its definition (58), either maps a scalar to a vector or a vector to a scalar, just like the operator $\boldsymbol{\nabla}$). Equation (64) means that the vertical moment of the temperature across the thermal boundary layer can be estimated from the surface velocity on top of the convective medium.

Examples of moment-velocity closure relationships

In 1D, i.e. assuming that $\boldsymbol{v}_H$ and M are only functions of x, the expression (58) can be integrated in y, which leads to

$$v_H(x) = \frac{1}{2}\mathcal{H}[M(x)] = \frac{1}{2\pi}\int_{-\infty}^{\infty}\frac{M(x')}{x'-x}\,dx'. \tag{65}$$

where the symbol $\mathcal{H}$ stands for the Hilbert transform (Erdélyi 1954). This operator has the same scaling properties (59) as its 2D counterpart.

Hilbert transforms of particular functions are tabulated in mathematical handbooks (Erdélyi 1954), see also Table 1 of Thess *et al.* (1997). As a simple example of physical interest, the velocity induced by the field

$$M(x) = \frac{1}{1+x^2}. \tag{66}$$

is

$$v_H(x) = -\frac{x}{2(1+x^2)}. \tag{67}$$

If the vertical temperature moment is restricted to a singular line, i.e. $M(x) = \delta(x)$, the induced velocity is simply

$$v_H(x) = -\frac{1}{2\pi x}. \tag{68}$$

These two solutions are depicted in Figure 4b.

In the case $\sigma \gg 1$, (61) integrated in y leads to

$$v_H(x) = \frac{1}{8\sigma}(\int_{-\infty}^{x} M(x')\,dx' + \int_{\infty}^{x} M(x')\,dx'). \tag{69}$$

The velocity induced by the M field (66) is

$$v_H(x) = \frac{1}{8\sigma}\arctan(x), \tag{70}$$

represented in Fig. 4c. As expected, it is smoother than in the case $\sigma = 0$. The velocity induced by a singular line $M(x) = \delta(x)$ is the step function (written with the Heaviside function H),

$$v_H(x) = \frac{1}{4\sigma}(\frac{1}{2} - \mathrm{H}(x)). \tag{71}$$

We see that when the role of the highly viscous lid becomes important, a uniform velocity is induced

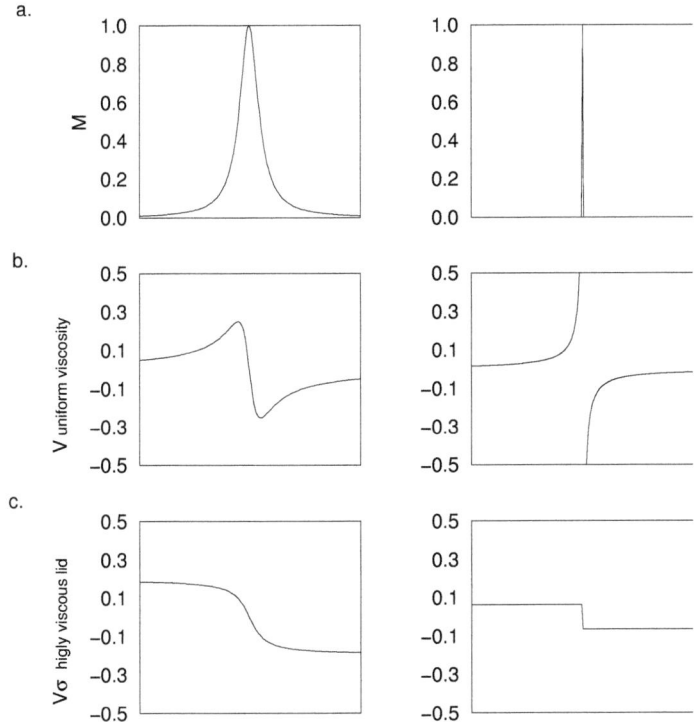

Figure 4: *Examples of 1D closure relationships, for $M(x) = 1/(1+x^2)$ (left column) and $M(x) = \delta(x)$ (right column), M is represented in a., the corresponding velocity with a uniform viscosity ($\sigma = 0$) in b., and the velocity with a highly viscous lid ($\sigma \gg 1$) in c.*

on each side of the singular temperature source.

We can also express the closure law in a 2D axisymmetric geometry appropriate to describe plumes. If the vertical temperature moment is restricted to a singular point, $M(\boldsymbol{r}) = \delta(\boldsymbol{r})$ the equations (58) and (61) become

$$v_r(r) = -\frac{1}{4\pi r^2}, \qquad (72)$$

when $\sigma = 0$, and with a highly viscous lid at the surface, $\sigma \gg 1$,

$$v_r(r) = -\frac{1}{8\pi\sigma}\frac{1}{r}. \qquad (73)$$

As in the Cartesian 1D case, the presence of a highly viscous lid increases the effect of a perturbation at large distances.

5. Finite time singularities

Having understood the first stages of the development of an instability we must now study the behavior of the finite time singularities. When a singularity occurs, M goes to $+\infty$ and the last term of equation (47), corresponding to the secular diffusive increase of the thermal boundary layer can be safely neglected. In this case we can search for solutions with separate variables of the form

$$M(\boldsymbol{r},t) = (t_s - t)^a F(\boldsymbol{\chi}), \tag{74}$$

where

$$\boldsymbol{\chi} = \frac{(\boldsymbol{r} - \boldsymbol{r}_s)}{(t_s - t)^b}. \tag{75}$$

The constants a and b are the critical exponents of the singularity that occurs at position $\boldsymbol{r}_s$ and time t_s.

As the scaling properties of the operator that relates the moment to the horizontal velocity depends on the surface viscosity σ, we first present in details the case $\sigma = 0$ and then discuss the role of the surface viscosity. When $\sigma = 0$, the operator relating moment and velocity is $\mathcal{V}_0$ (59) and by plugging (74) into (47) we get

$$-aF + b\boldsymbol{\chi} \cdot \boldsymbol{\nabla}_H F - (t_s - t)^{-2b+1} \nabla_H^2 F$$
$$- (t_s - t)^{a-b+1} (\mathcal{V}_0[F] \cdot \boldsymbol{\nabla}_H F + 2F \boldsymbol{\nabla}_H \cdot \mathcal{V}_0[F]) = 0. \tag{76}$$

Choosing $a = -\frac{1}{2}$ and $b = \frac{1}{2}$, this previous equation becomes time-independent, and

$$M(\boldsymbol{r},t) = \frac{1}{(t_s - t)^{\frac{1}{2}}} F\left(\frac{\boldsymbol{r} - \boldsymbol{r}_s}{(t_s - t)^{\frac{1}{2}}}\right), \tag{77}$$

is solution of equation (47) when F verifies

$$F + \boldsymbol{\chi} \cdot \boldsymbol{\nabla}_H F - 2\mathcal{V}_0[F] \cdot \boldsymbol{\nabla}_H F - 4F \boldsymbol{\nabla}_H \cdot \mathcal{V}_0[F] - 2\nabla_H^2 F = 0. \tag{78}$$

The self-similar solution $M(\boldsymbol{r},t)$ has a maximum diverging as $(t_s - t)^{-\frac{1}{2}}$, and a width decreasing as $(t_s - t)^{\frac{1}{2}}$. For a line singularity (1D geometry), with boundary conditions $\boldsymbol{\nabla}_H F = 0$ on the instability and F vanishing at large distance, we find numerically that the solution for F is unique (its shape but also its amplitude). In the 2D axisymmetric case, another solution is obtained as the differential operators entering equation (78) are different, but again, this axisymmetric solution, with its shape and its amplitude is univocally obtained by (78).

Instead of trying to solve the difficult differential equation (78), we have computed numerically in the 1D case $M(x,t)$ for various initial conditions, measured the position x_s and time t_s for the first singularity and plotted the quantity $(t - t_s)^{\frac{1}{2}} M(x,t)$ as a function of $(x - x_s)/(t_s - t)^{\frac{1}{2}}$ for times t close to t_s. The results depicted in Figure 5 (top) for four different initial conditions show a universal shape, when properly scaled. Of course, when plotted with a logarithmic scale (bottom), the presence of other weaker growing singularities far from the main one is clearly shown as secondary peaks. We also run 2D axisymmetric cases, similar results are obtained, i.e., the same critical exponents and a unique F solution.

We can use a similar procedure in the case of a highly viscous lid $\sigma \gg 1$, but with the scaling relationship (62). This also leads to self-similar solutions of the form

$$M(x,t) = \frac{\sigma}{t_s - t} G\left(\frac{x - x_s}{(t_s - t)^{\frac{1}{2}}}\right). \tag{79}$$

where G is another universal function when the geometry, 1D or 2D, is chosen. The maximum now increases as $(t_s - t)^{-1}$, faster than in the case without lid, and its width decreases as $(t_s - t)^{\frac{1}{2}}$.

Figure 6 depicts the same set as in Figure 1 but now, the behavior of $\log(\mathrm{Max}_x M(x,t))$ is plotted as a function of $\log(t - t_s)$. We also show the case with a highly viscous lid ($\sigma \gg 1$). The theoretical

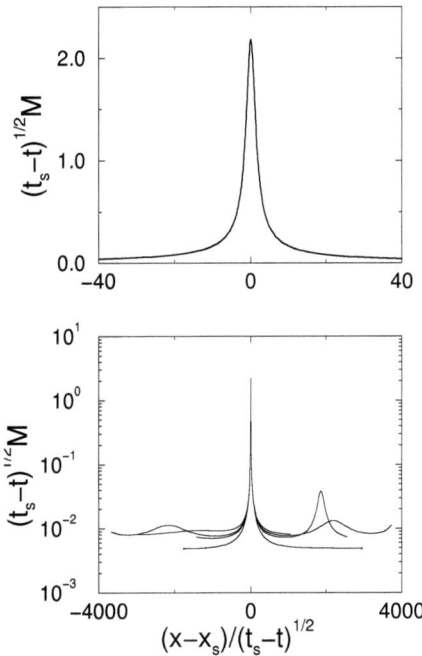

Figure 5: *Universal shape of the 1D singularity in the case of a constant viscosity. Four different numerical experiments have been performed and have been rescaled. The bottom curve with a vertical logarithmic scale and a wider spatial extension, shows the presence of other singularities in formation.*

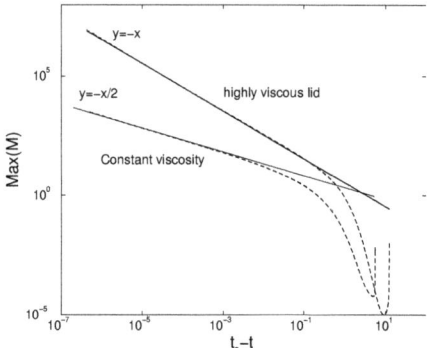

Figure 6: *Time behavior of the instability near the singularity in the two cases of constant viscosity or of highly viscous lid. Because the abscissa is $t_s - t$, the singularity now evolves from right to left.*

	uniform viscosity	highly viscous lid
line singularity	$-\dfrac{A \ln\left(x(t_s - t)^{-\frac{1}{2}}\right)}{2\pi x}$	$-\dfrac{A \ln\left(x(t_s - t)^{-\frac{1}{2}}\right)}{4\sigma(t_s - t)}$
axisymmetric singularity	$-\dfrac{B}{2r}$	$-\dfrac{B}{4\sigma(t_s - t)}$

Table 2.1: Asymptotic velocity at large distance of a singularity

laws with exponents -1/2 and -1 are indeed closely followed.

The behavior of M far from a growing instability can be described analytically. In equation (78), the terms associated with cross-products between velocity and moment $(-2\mathcal{V}_0[F]\cdot\nabla F - 4F\nabla\cdot\mathcal{V}_0[F])$ are smaller than the first two terms if $\mathcal{V}_0[F] \ll \chi$. In this case the solutions of (78) are $F(x) \sim A/x$ in the 1D case and $F(r) \sim B/r$ in the axisymmetric case. The proportionality constants A and B are not arbitrary but are univocally determined by the non-linearity of the differential equation close to the singularity. From the shape of the M singularity at large distance, we can use the closure laws (58) and (61) to deduce the velocity far from the singularity. After some algebra we obtain the asymptotic behaviors summarized in Table 1.

The results of table 1 indicates that singularities interact at very large distance and potentially at an infinite distance (highly viscous lid), due to the transport by their induced velocity. Although in figure 4 the velocity induced by a temperature moment decreasing asymptotically as $1/x^2$ remains finite, the natural 1D singularity in a fluid with a highly viscous lid has a temperature moment only decreasing as $1/x$ and therefore induces a velocity diverging as $\ln(x)$. Numerically, the forced periodicity imposed by the use of Fast Fourier Transforms, makes the verification of these laws difficult.

6. Developed convection

Regularization of the singularity

When plumes develop, the temperature heterogeneity θ leaves the boundary layer, so we cannot assume anymore that the θ drops to zero in the range of integration used to get (43). Taking into

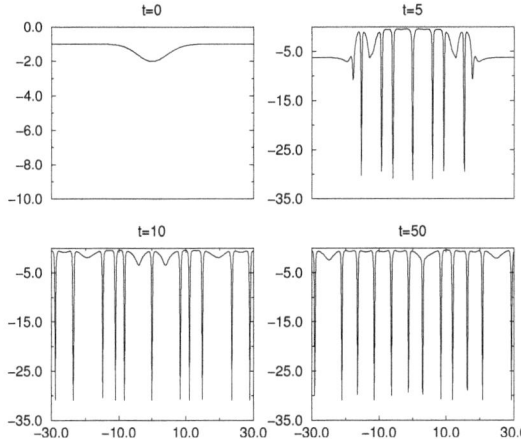

Figure 7: *Growth and dynamics of 1D instabilities, $M(x,t)$ as a function of x at four different times t.*

account the value $\theta(Z)$ at the upper bound of integration Z, we generalize (43) into

$$\frac{\partial M}{\partial t} + (\boldsymbol{v}_H \cdot \boldsymbol{\nabla}_H) M + (2M + Z^2\theta(Z))\boldsymbol{\nabla}_H \cdot \boldsymbol{v}_H = \kappa \nabla_H^2 M - \kappa(\theta_S - \theta(Z)). \tag{80}$$

We need to close this equation to determine $\theta(Z)$ as a function of the dynamical variables. At small times, $\theta(Z) = 0$ and we recover (43). In the opposite case of a plume extending beyond the depth Z, the temperature becomes nearly uniform over the depth Z, so we have $Z^2\theta(Z) \simeq Z^2\theta_S \simeq -2M$, so the source terms disappear in (80). We propose an heuristic fit between these two extremes, by writing $(2M + Z^2\theta(Z))\boldsymbol{\nabla}_H \cdot \boldsymbol{v}_H = M[1-\tanh(M-M_{max})]\boldsymbol{\nabla}_H \cdot \boldsymbol{v}_H$, where $M_{max} = -Z^2\theta_S/2$. This provides a regularizing mechanism for the plumes. A corresponding heat injection should be introduced in the interior, providing an additional source of motion. We expect this motion to be at fairly large scales, with a weak influence on the plume dynamics, and we have neglected this modification of the interior in the present study. We also neglect $\theta(Z)$ in the right hand side of the equation (80) as this diffusion term is negligible in plumes in comparison with the other effects.

Developed convection in the 1D case

With this regularization mechanism, our model can go beyond the first finite time singularity and a much complex dynamics is obtained. Figure 7 shows the evolution of $M(x)$ at four different times (1D case, with uniform viscosity, $\sigma = 0$). In this simulation we have chosen to cut the singularities around $M_{max} = 30$. The progressive destabilization of the boundary layer starts from the top left panel ($t = 0$) where the arbitrary initial moment has a Gaussian shape. The reader must however realize that the equivalent boundary layer thickness $((M)^{\frac{1}{2}})$ is of the same order as the horizontal scale.

The first singularities start near the maximum of M (top right) in agreement with the stability analysis. The boundary layer is then destabilized everywhere. For small times (top right and bottom left) the symmetry of the initial conditions is preserved. At larger times, (bottom right), the symmetry is broken by the birth of new instabilities.

In order to more clearly understand the initiation and interactions of instabilities, Figure 8 depicts the position of the peaks as a function of time for the same simulation as in Figure 7. At the beginning,

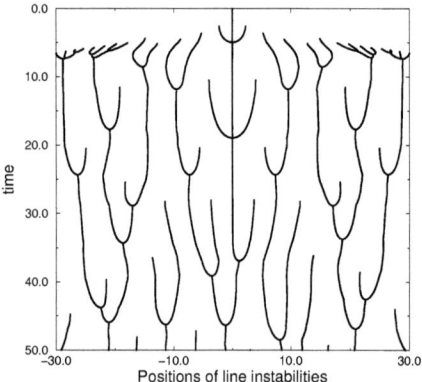

Figure 8: *Positions of the line instabilities of Figure 7 as functions of time.*

a large number of peaks is produced, this number then reduces to about 10 peaks. This reduction follows the reduction of the average boundary layer thickness. This corresponds qualitatively to the fact that the wavelength of the most unstable perturbation in the marginal stability study increases when the average thickness decreases.

The various peaks attract each others. When two peaks merge, a new peak appears in the space left empty. Because of this chaotic behavior, the pattern loses its symmetry after a time larger than 30 in this simulation. The number of peaks is then rather constant in average and close to one peak every 2π (i.e. about 10 peaks in this simulation where the abscissae goes from -10π to 10π).

The characteristic parabolic shape of the trajectories of two peaks in interaction is easy to understand at least qualitatively following a method originally applied to Marangoni convection (Thess et al. 1995, 1997). Each peak induces in its vicinity an attractive velocity $v_H(x)$, transporting its neighborhood, so that the distance X between them varies as

$$\frac{dX}{dt} = 2v_H(X). \tag{81}$$

If we assume that the two peaks are close enough to interact but far enough so that each one induces a velocity as if it were alone (vortex dynamics, Aref 1983), then the attractive velocity can be computed. At 1D and $\sigma = 0$, the closure law needs the introduction of the Hilbert transform of the moment of the instability (65). This closure law can be written in a different form, that has the advantage of using defined integrals rather than Cauchy improper integrals,

$$v_H(X) = \frac{1}{2\pi} \int_0^\infty \frac{M(X+x') - M(X-x')}{x'} \, dx'. \tag{82}$$

The numerator varies much more rapidly around $x' = X$ than the denominator and far from this point the numerator is very small. Therefore, we can approximate the $1/x'$ under the integral sign, by $1/X$ and, using the parity of $M(x)$, we get

$$v(X) \sim \frac{1}{2\pi X} \int_0^\infty M(X+x') - M(X-x') \, dx' = -\frac{1}{2\pi X} \int_{-X}^X M(x) \, dx. \tag{83}$$

When the heads of the instabilities are cut beyond a limited range, this last integral is roughly a

constant I_0 and thus
$$\frac{dX}{dT} = -\frac{I_0}{\pi X}, \qquad (84)$$
or,
$$X^2 = X_0^2 - 2\frac{I_0}{\pi}t \qquad (85)$$

where X_0 is the initial distance between peaks. This last equations explains the parabolic trajectories occurring when two peaks collapse. When the instabilities are not limited by a maximum size M_{max}, the distance between two isolated peaks can still be closely fitted on a limited range of distances by a parabolic law although we know that the integral in the equation (83) slowly diverges as $\ln(X/(t_s - t))^{\frac{1}{2}}$ in agreement with Table 2.1.

We closely verified the previous equations (83-85) in the presence of two isolated peaks. However, this situation is not stable and soon other peaks appear. Quantitatively, we can extract from Figure 8, a value I_0 that gives the best fit to the behavior of the trajectories when they merge. We found a value of about 4 times smaller than the integral of each singularity. This discrepancy has not been understood although we think that it is not produced by the approximation of (83) but rather by a collective effect due to the other instabilities interacting at large range. It is remarkable that a same parameter I_0 seems to characterize all the interactions of two peaks.

Developed convection in the 2D case

In two dimensions, we also run our program starting from initial conditions

$$M(x,y,0) = 4 + \cos(4\pi y/L)\cos(2\pi x/L) + \sin(2\pi x/L)\sin(2\pi y/L) + \cos(4\pi y/L)\sin(6\pi x/L) \qquad (86)$$

where the size of the box L is 5. This functional dependence (except for the mean value equal to 4) was used by Thess *et al.* (1997) in their study of Marangoni convection. We verified that our program exactly reproduces their results when the term that contains $\nabla_H \cdot v_H$ is suppressed in equation (80), and when the thermal diffusivity is small. In the case of Rayleigh-Bénard convection with only cooling from above, figure 9 depicts various results as a function of time. We only show the case $\sigma = 0$ in this simulation. As seen on the closure relationship (41), increasing σ tends to smooth the velocity field and eases the computation. As in 1D geometry, we first observe the increase of the boundary layer thickness and the growth of instabilities that keep the geometry of the initial conditions (top row). The cold plumes and sheets start attracting each other according to the mechanism already discussed (middle row). The initial conditions are still reminded in the pattern of convection. The merging of some instabilities liberates enough space for a new instability to occur as a plume structure in the middle of a roughly hexagonal cell (bottom left). At a later stage, the memory of the initial geometry is totally lost (bottom right) but the topological characteristics of the convection pattern (i.e. the number of cells, the length of cold downwellings...) remain the same.

Nusselt-Rayleigh relationship

In a usual convection experiment, i.e., a liquid tank of height L, where a temperature difference ΔT is imposed between the surface and the bottom, the convective activity can be estimated by two non-dimensional numbers. The first is the Rayleigh number Ra, the normalized temperature difference, and the second is the Nusselt number Nu, the heat flux Q normalized by the heat flux that would occur by pure conduction. These two numbers are

$$\mathrm{Ra} = \frac{\alpha\rho_0 g\Delta T L^3}{\eta_0 \kappa}, \qquad (87)$$

and

$$\mathrm{Nu} = \frac{LQ}{\kappa\rho_0 C_p \Delta T}, \qquad (88)$$

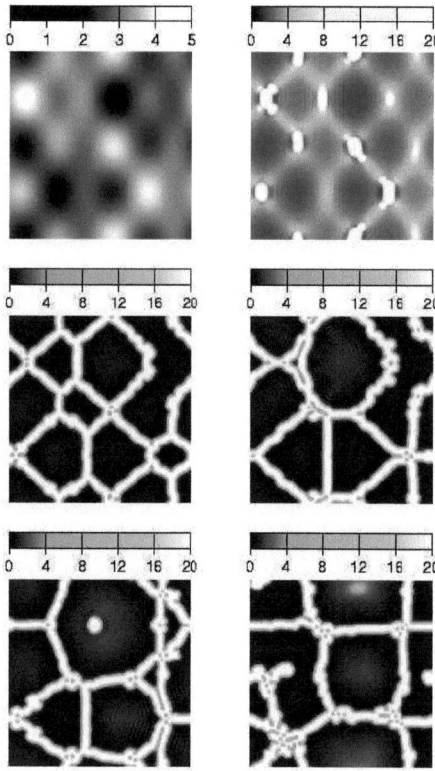

Figure 9: *Rayleigh-Bénard convection with uniform viscosity for a fluid cooled from above. top left is the initial condition, top right is at t=1, middle left, t=4, middle right, t=8, bottom left, t=13.5 and bottom right, t=30.*

(the thermal conductivity is $\kappa \rho_0 C_p$ where C_p is the heat capacity). These two numbers are related by the dynamics, and we expect a model of convection to yield this relationship.

In our model, the flow is entirely driven by boundary layer effects, with no influence of the thickness L, which is supposed very large. Then the only possible relationship, which does not depend on L, is

$$\mathrm{Nu} = a\,\mathrm{Ra}^{\frac{1}{3}}, \text{ with } a = \frac{Q}{\kappa \rho_0 C_p \Delta T}\left(\frac{\eta_0 \kappa}{\alpha \rho_0 g \Delta T}\right)^{\frac{1}{3}} \tag{89}$$

In our model, Nu and $Ra^{\frac{1}{3}}$ are both infinite, being both proportional to the thickness L, but the constant a is well defined and can be calculated as follows.

The average surface heat flow is given by

$$Q = -\kappa \rho_0 C_p \frac{1}{S}\int_S \frac{\partial \theta}{\partial z}\, dS, \tag{90}$$

where the integration is performed at the surface S of the convective fluid. Our model deals with the variable M, the first moment of the temperature in the boundary layer, and we need to make some hypothesis on the vertical temperature profile to calculate the heat flux (90). At short times, temperature satisfies the diffusion equation, and varies with z like a complementary error function, therefore $\theta = \theta_s \mathrm{erfc}(z/H)$ where H is the thickness of the boundary layer and $\partial_z \theta = -2\theta_s/(\pi^{\frac{1}{2}}H)$. Using (44) that relates M and H ($M = -\theta_s H^2/4$), we get then

$$Q = \kappa \rho_0 C_p \frac{1}{S}\int_S \frac{(-\theta_S)^{\frac{3}{2}}}{(\pi M)^{\frac{1}{2}}}\, dS. \tag{91}$$

This last dimensionalized expression can be written with an adimensionalized M as

$$Q = -\kappa \rho_0 C_p \theta_S \left(\frac{-\alpha \rho_0 g \theta_S}{\eta_0 \kappa}\right)^{\frac{1}{3}} \frac{1}{S}\int_S \frac{1}{(\pi M)^{\frac{1}{2}}}\, dS, \tag{92}$$

or by the introduction of a dummy length L, and noting that $\Delta T = -2\theta_S$ since we need to symmetrize the system with 2 boundary layers to fit with the usual Rayleigh-Bénard configuration,

$$\mathrm{Nu} = \left(\frac{1}{S}\int_S \frac{1}{2^{\frac{4}{3}}(\pi M)^{\frac{1}{2}}}\, dS\right)\mathrm{Ra}^{\frac{1}{3}}, \tag{93}$$

in agreement with the functional form of equation (89).

Figure 10 depicts the average over the surface of $(2)^{-\frac{4}{3}}(\pi M)^{-\frac{1}{2}}$, as a function of time, in the 1D case (solid line), and 2D case (dashed line), these two simulations have been performed with $M_{max} = 30$. In the 1D case, the initial conditions are simply a very small M, in the 2D case, we use the same boundary conditions as in figure 9. In the 1D case, at the beginning, the thermal boundary thickness is very small and grows by simple diffusion following a $t^{-\frac{1}{2}}$ law (thin solid line). This behavior is not as clearly seen for the 2D case, as we already start in a regime where the boundary layer is unstable. When the convection starts the heat flow increases and then stabilizes around $Nu/Ra^{\frac{1}{3}}$ close to .22.

The mean value of $Nu/Ra^{\frac{1}{3}}$ is slightly dependent of the choice of M_{max} (figure 11), it increases from 0.165 for $M_{max} = 10$ to 0.235 for $M_{max} = 40$ (1D case), the numerical experiment may indicate an asymptotic value for very large M_{max}. However there may be no truly asymptotic value, which would reflect some departure to the $Ra^{\frac{1}{3}}$ law. Indeed we may expect that the thickness $\sim M^{\frac{1}{2}}$ associated with the maximum possible value of M scales with the thickness L.

Our Rayleigh-Nusselt relationship can be compared with results found in the literature. For convection at infinite Prandtl number, and heated from below, simple boundary layer models (Turcotte & Oxburg, 1967) give $Nu \sim 0.294\ Ra^{\frac{1}{3}}$. 2D and 3D numerical simulations (McKenzie, Roberts & Weiss, 1974; Travis, Olson & Schubert, 1990; Tackley, 1996; Sotin & Labrosse, 1999) and laboratory experiments at very high Prandtl number (Giannandrea & Christensen, 1993; Manga & Weeraratne, 1999) provide similar values (although the exponent seems smaller than 1/3). Laboratory experiments

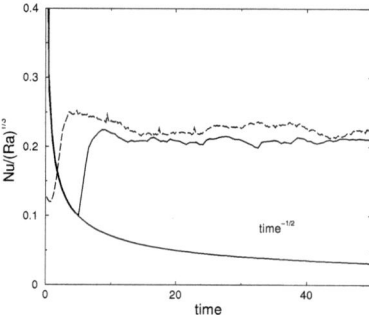

Figure 10: *Evolution of Nusselt/Rayleigh$^{\frac{1}{3}}$ as a function of time, in 1D (solid line) and 2D (dashed line) simulations.*

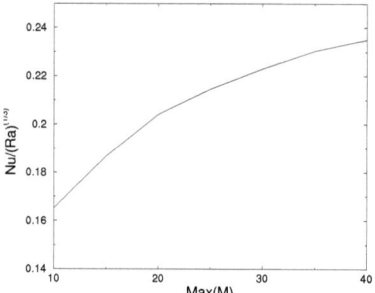

Figure 11: *Dependence of the Nusselt number with the maximum moment M_{max}.*

by Goldstein *et al.* (1990) give $Nu \sim 0.066\, Ra^{\frac{1}{3}}$ but for no slip boundary conditions and a moderate Prandtl number.

7. Conclusion

We have shown that the equations of 3D convection in the limit of high Rayleigh and Prandtl numbers can be reduce to 2D equations written at the surface of the convective fluid. These equations express how the moment of the temperature through the thermal boundary layer is transported and modified by the surface 2D velocity field. They are universal, i.e. they do not contain any physical parameters. This reduction from 3D to 2D provides an elegant tool to study the initiation of thermal plumes and line instabilities.

Various generalizations of the present theory can be done in a straightforward manner. The role of a depth-dependent viscosity in the thermal boundary layer is controlled by a parameter σ. However we could have also considered depth-dependent viscosity variations in the deep interior. As an example the viscosity of silicated planets increases significantly with depth. This can be very easily taken into account by a modification of the closure law. Another modification of the closure law could allow us to study the interaction of a top boundary layer with a bottom boundary layer. In this case two transport equations would have be coupled through two closure laws relating linearly in the spectral space the surface velocity of each boundary layer to the two temperature moments.

Apart from its utility to understand the development of instabilities, their interactions, the similarities and differences between Marangoni convection and thermal convection, our approach suggests a method to study a very important geophysical problem, namely the interactions between plate tectonics and the underlying high Rayleigh number convection. In our planet, the rheology of the surface boundary layer is highly non-linear and therefore the present theory does not apply. However, we have purposely used as long as possible, stresses rather than velocities in deriving the equations of this paper in order to distinguish what is related to the assumption of a Newtonian rheology and what is perfectly general. The relationships between stresses and temperature moment (20, 21) and the transport equation (43) are independent of the rheology. This means we are able to reduce the 3D hydrodynamic problem of plate tectonics to 2D surface equations even in the case of a very complex relationship between stresses and velocities. Of course, in this case the equivalent of the closure relationship will be only obtained numerically and a vertical vorticity would potentially be excited.

We would like to thank Frédéric Chambat for his friendly help in the development of this work. This work has benefited from useful discussions with A. Thess in the frame of the french-german collaboration program DFG/CNRS under Grant th497/11-1. It has been supported by the CNRS-INSU programs. The computation have been performed on the PSMN computing facilities.

2.5 Caractérisation des solutions numériques

2.5.1 Physionomie de la convection à une dimension

Influence des conditions initiales

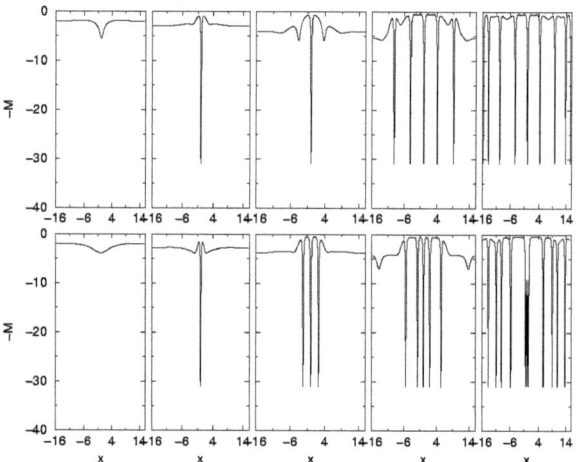

FIGURE 2.14 – *Evolution initiale de deux gaussiennes d'extension différentes dans les mêmes conditions ($\sigma = 0$ et coupure des panaches à 30). La gaussienne la plus large développe des instabilités plus proches.*

Dans le cas où il n'y a pas de saut de viscosité vertical, le système ne possède pas d'échelle de longueur intrinsèque. L'adimensionnalisation s'est basée sur l'échelle de longueur caractéristique de la convection. Des études numériques à une et deux dimensions, il apparaît clairement que les panaches possèdent une taille caractéristique intrinsèque indépendante de la taille de boîte que l'on impose artificiellement du fait de la périodicité. En effet, lorsque l'on part d'un système ayant une très large taille caractéristique (comme une gaussienne), de nouvelles singularités émergent à une distance qui dépend dans un premier temps des conditions initiales (voir la figure 2.14). Mais le système perd rapidement la mémoire des conditions initiales et les singularités s'équilibrent à une distance caractéristique de la convection (figure 2.15). Dans toutes les figures, le moment est représenté négativement, de sorte qu'il peut être interprété comme l'épaisseur de la couche limite thermique.

Distance caractéristique inter-singularité

Afin de quantifier cette taille caractéristique, nous avons mené différentes expériences et mesuré la distance moyenne entre les singularités. Ces expériences sont résumées sur la figure 2.16. Il apparaît clairement que l'unique effet de la taille de boîte est d'autoriser l'existence d'un certain nombre de panaches, ce qui discrétise plus ou moins la courbe représentant la distance inter-singularité en

Caractérisation des solutions numériques 95

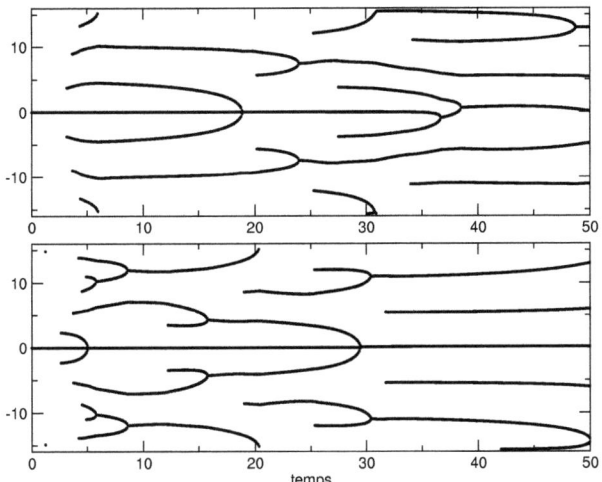

FIGURE 2.15 – *Positions des singularités en fonction du temps des deux gaussiennes de la figure 2.14. Bien que les conditions initiales induisent un comportement sensiblement différent dans les premières phases de l'expérience, la convection finit par se développer de manière similaire.*

fonction du temps. Nous considérerons donc que la valeur moyenne de distance inter-singularité, c'est-à-dire la taille caractéristique de la convection dans le cas sans saut de viscosité, est la valeur moyenne obtenue en régime permanent pour les expériences dans de grandes boîtes. Ainsi, nous avons trouvé une valeur égale à environ $5 \times D$ où D est la taille pour laquelle le nombre de Rayleigh est égal à l'unité (définie par l'équation (46) de l'article). Afin de faire le lien avec un système réel et de se donner un ordre de grandeur physique, nous allons ramener cette grandeur aux conditions de la Terre. Par définition de D,

$$\frac{L^3}{D^3} = \text{Ra}, \qquad (2.76)$$

où Ra est le nombre de Rayleigh basé sur l'épaisseur L du manteau. En prenant pour le manteau une épaisseur de 2890 km et un nombre de Rayleigh pour la Terre de 3×10^6, la taille caractéristique D est de l'ordre de 20 km et la taille caractéristique de la convection pour une viscosité uniforme est de l'ordre de 100 km.

Influence du saut de viscosité

Lorsqu'on impose un saut de viscosité vertical, le système est muni d'une échelle de longueur, liée à la profondeur et à l'intensité du saut de viscosité. En effet,

$$\sigma = \int_0^\infty \frac{\eta - \eta_0}{\eta_0} \, dz \sim \frac{\Delta \eta}{\eta_0} L, \qquad (2.77)$$

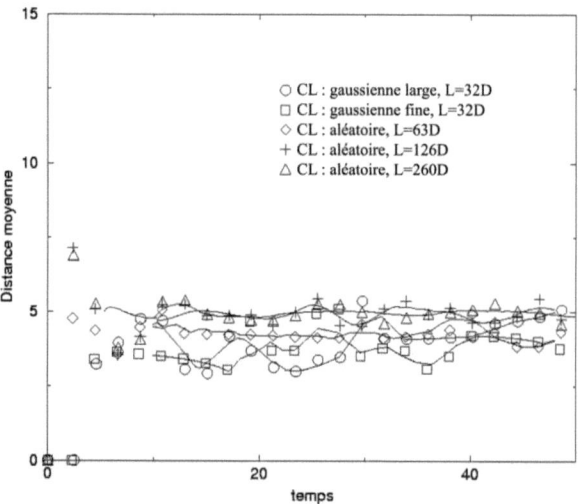

FIGURE 2.16 – *Distance inter-singularités selon la taille de boîte et les conditions initiales. Les distances sont exprimées en variables adimensionnées (multiples de D) et L représente la taille de boîte. Les points sont des échantillons de la variation réelle, tandis que les courbes continues sont des valeurs moyennées. La courbe grasse est la valeur moyennée de la taille de boîte la plus grande.*

où $\Delta\eta$ représente l'ordre de grandeur de la différence de viscosité entre la partie supérieure et la partie inférieure, et L, l'ordre de grandeur de la profondeur à partir de laquelle on retrouve la viscosité du corps du fluide. Cette longueur pilote la dynamique et l'extension des panaches dépend de σ. Calculons l'ordre de grandeur de σ dans le contexte terrestre. La lithosphère est environ 100 fois plus visqueuse que le manteau, sur une profondeur de l'ordre de 100 km. Dans le cadre de notre adimensionnalisation, 100 km correspond à une distance $L = 5$ (L=100/D). Cela conduit à $\sigma \sim 500$. Nous avons mené différentes expériences numériques en faisant varier la valeur de σ. Les résultats sont exposés dans la figure 2.17. A partir de $\sigma = 5$, la distance inter-singularité est sensiblement linéaire,

$$d \sim 1.2\sigma + 20.7. \tag{2.78}$$

En supposant que cette loi reste vraie pour de grandes hétérogénéités de viscosité, nous pouvons extrapoler l'ordre de grandeur des distances entre singularités dans le cas de la Terre (pour laquelle $\sigma \sim 500$). Notre description prévoit que la taille caractéristique entre deux panneaux plongeants est de l'ordre de 12000 km dans le contexte terrestre.

2.5.2 Cas à deux dimensions

A une dimension, la seule grandeur caractéristique de l'aspect de la convection à une dimension est la distance entre les panaches. A deux dimensions, la dynamique est plus complexe En effet, la question est posée quant à la stabilité des lignes par rapport aux points. Les calculs menés dans l'article de

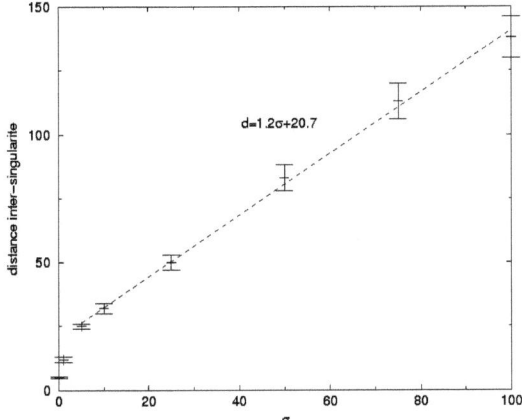

FIGURE 2.17 – *Distance inter-singularités en fonction de σ. Les barres d'erreur donnent l'échelle de variation de cette distance au cours de la simulation.*

Lémery et al. (2000) sont assez anciens et des expériences numériques plus récentes mettent en valeur des résultats surprenants. Plusieurs types d'expérience ont été effectués : avec des conditions initiales présentant une géométrie caractéristique, sans saut de viscosité (figure 2.19) et avec (figures 2.21, 2.23 et 2.24) ainsi que des conditions intiales aléatoires (sans saut de viscosité, figure 2.20 et avec saut de viscosité, figure 2.22 et 2.25).

Dans toutes les figures, le moment M est toujours représenté négativement, de sorte qu'il est équivalent à l'épaisseur de la couche limite thermique d'un fluide se refroidissant par en-dessus. Ainsi, les zones bleues réprésentent des zones de grand moment, donc de plongée de matière froide, tandis que les zones rouges sont des zones chaudes où la couche limite thermique est fine (voir la figure 2.18). Le temps se déroule de la même façon dans les différentes figures, de gauche à droite et de haut en bas.

Dans le cas où le système ne présente pas de saut de viscosité vertical ($\sigma = 0$), lignes et panache ponctuels co-existent. Cela se voit particulièrement bien dans le cas des conditions initiales à forte symétrie (2.19) qui ont favorisé la stabilisation d'une ligne continue infinie (le système est périodique). Dans le cas de conditions initiales aléatoires, bien que les lignes ne soient pas stabilisées, il continue d'en apparaître même une fois que le système a "oublié" les conditions initiales.

Par contre, dans le cas de la présence d'un faible saut de viscosité, les lignes ne sont pas favorisées et la couche limite développe essentiellement des panaches ponctuels (figure 2.21 où $\sigma = 1$), même dans le cas de conditions intiales aléatoires (figure 2.22 même conditions). Cette propriété semble être liée aux petits σ (pour un exemple à $\sigma = 0.1$, voir la figure 2.23). Dans ce régime, l'extension des panaches est liée à σ. En effet, comme à une dimension, le nombre de panache augmente lorsqu'on diminue ce paramètre, avec un changement de comportement à $\sigma = 0$. Les trois expériences des figures 2.19, 2.21 et 2.23 ont été menées avec une même taille de boîte.

Lorsqu'on augmente encore le nombre σ, apparaît un changement radical de comportement.

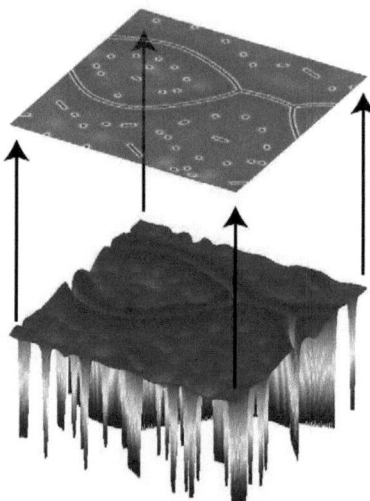

FIGURE 2.18 – *Dans toutes les figures qui suivent, le moment de la température est représenté négativement, de sorte qu'il est équivalent à l'épaisseur de la couche limite thermique d'un fluide se refroidissant par en-dessus.*

Ainsi, pour $\sigma = 10$, ce qui correspond dans les conditions de la Terre à une viscosité trois fois plus grande sur 100 km au-dessus du manteau (Rappelons que $\sigma = (L/D)(\Delta\eta/\eta_0)$ où L est l'extension du contraste de viscosité, D est définie par (46)), on observe une prédominance des lignes, les panaches ponctuels disparaissant au profit de panneaux plongeants. Sur la figure 2.24, est représentée une expérience aux conditions intiales identiques aux expériences précédentes mais avec une taille de boîte beaucoup plus grande afin de laisser se développer les singularités. La prédominance de panneaux plongeants sur les panaches ponctuels n'est pas liée aux conditions initiales puisque cette propriété reste valable même avec des conditions initiales bruitées (figure 2.25).

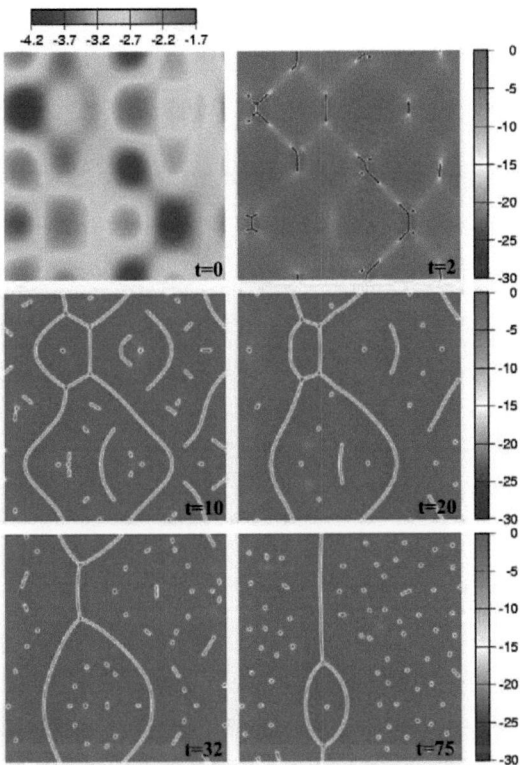

FIGURE 2.19 – *Expérience de convection de Rayleigh-Bénard avec une viscosité uniforme, pour un fluide refroidi par au-dessus. Les conditions intiales présentent de fortes symétries. Les panaches émergent à partir de cette géométrie (t=2) pour se structurer sous forme de cellules convectives (t=10), dans lesquelles naissent de nouveaux panaches lorsqu'ils ont assez de place (t=20), enfin les dernières lignes et la dernière cellule disparaissent progressivement (t=32), excepté une ligne qui perdure, attirant les panaches ponctuels environnant (il existe une zone de "vide" dans laquelle aucun panache ne résiste à l'attraction de la ligne), à t=75.*

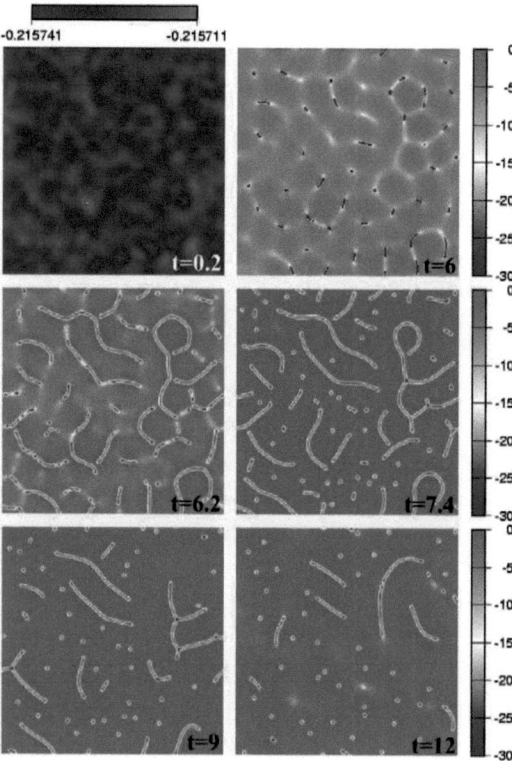

FIGURE 2.20 – *Expérience de convection de Rayleigh-Bénard avec une viscosité uniforme, pour un fluide refroidi par au-dessus. Initialement, la température est relativement homogène, agrémenté d'un faible bruit (comme on peut le voir sur la première figure dont l'échelle de variation du moment est différente). Des figures linéaires émergent et co-existent un temps (t=6 et t=6.2). Puis des panaches plongeants apparaissent au centre des cellules (t=7.4). Enfin les cellules disparaissent (t=9) mais des lignes continuent d'émerger ça et là (t=12).*

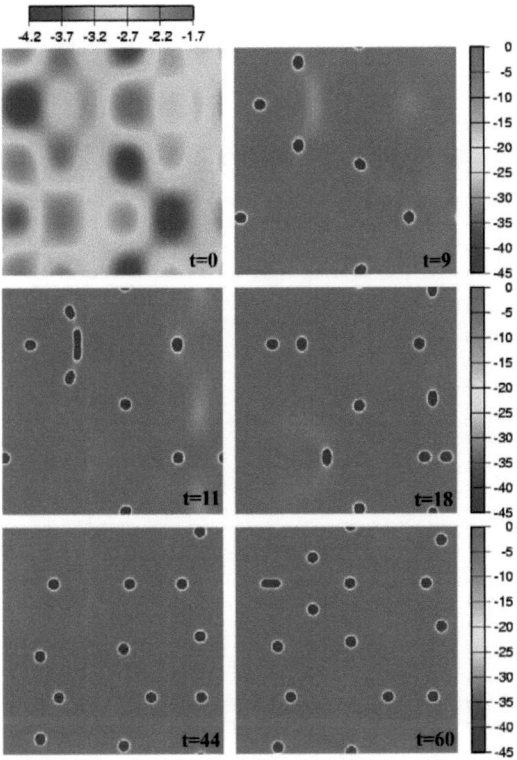

FIGURE 2.21 – *Expérience de convection de Rayleigh-Bénard avec un saut de viscosité tel que $\sigma = 1$. Initialement, la géométrie du système présente de fortes symétries, conservées durant une longue phase, mais les lignes sont instables et la couche limite se déstabilise sous forme de panache (t=9, 11 et 18). Ces différents panaches interagissent et d'autres panaches apparaissent lorsqu'ils en ont la place (t=44 et 60).*

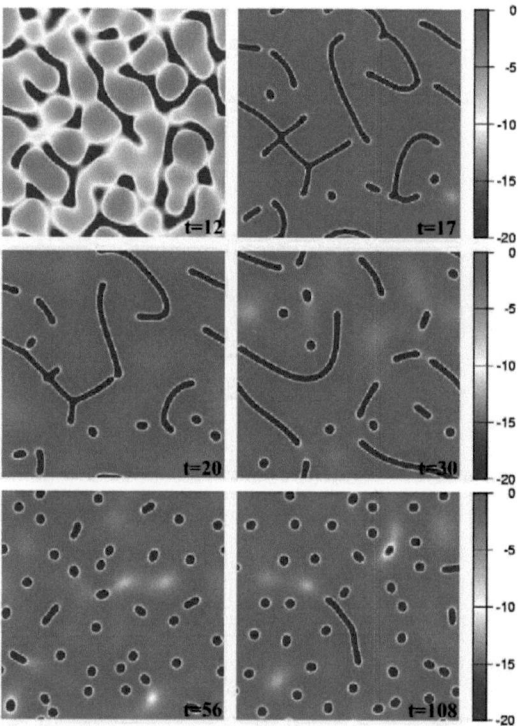

FIGURE 2.22 – *Expérience de convection de Rayleigh-Bénard avec un saut de viscosité tel que $\sigma = 1$ avec des conditions initiales bruitées. Dans une première phase, la couche limite se déstabilise sous forme de lignes (t=12 et 17), puis des panaches apparaissent (t=20 et 30) et interagissent avec les lignes qui elles-mêmes se contractent sous forme de panaches (t=56). Parfois, plusieurs panaches peuvent s'attirer et former une ligne temporaire (t=108).*

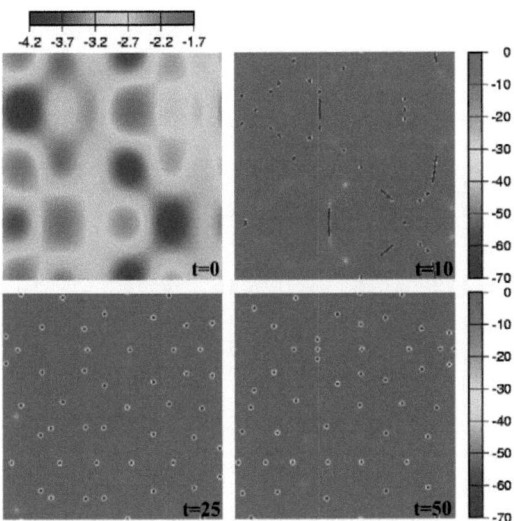

FIGURE 2.23 – *Expérience de convection de Rayleigh-Bénard avec un saut de viscosité tel que $\sigma = 0.1$, conditions initiales à fortes sysmétries. Dans une première étape, les instabilités apparaissent sous forme de panaches ponctuels en suivant les conditions initiales (t=10), puis de nombreux panaches se développent et interagissent (t=25 et 50).*

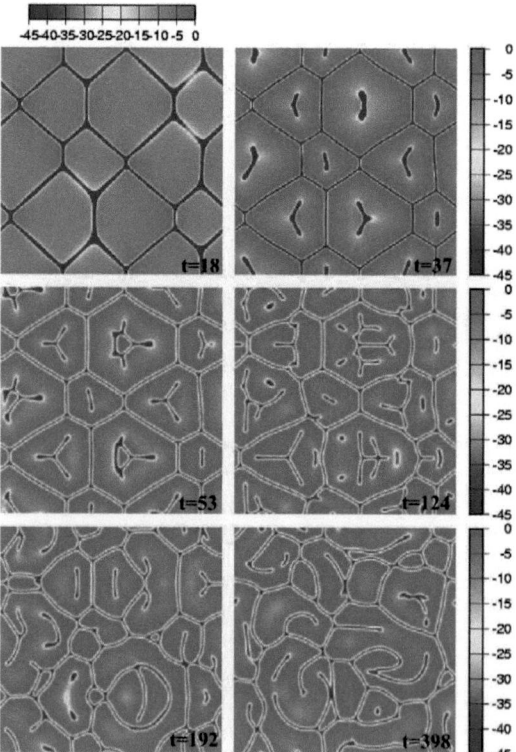

FIGURE 2.24 – *Expérience de convection de Rayleigh-Bénard avec un saut de viscosité tel que* $\sigma = 10$, *conditions initiales identiques à celles de la figure 2.19. La couche limite thermique se déstabilise en suivant la géométrie intiale (t=18), puis des panaches apparaissent au coeur des cellules (t= 37), se structurent en ligne (t=53 et 124) et déforment les cellules initiales (t=192). Enfin, de longues lignes interagissent entre elles, sans conservation de la géométrie initiale (t=398).*

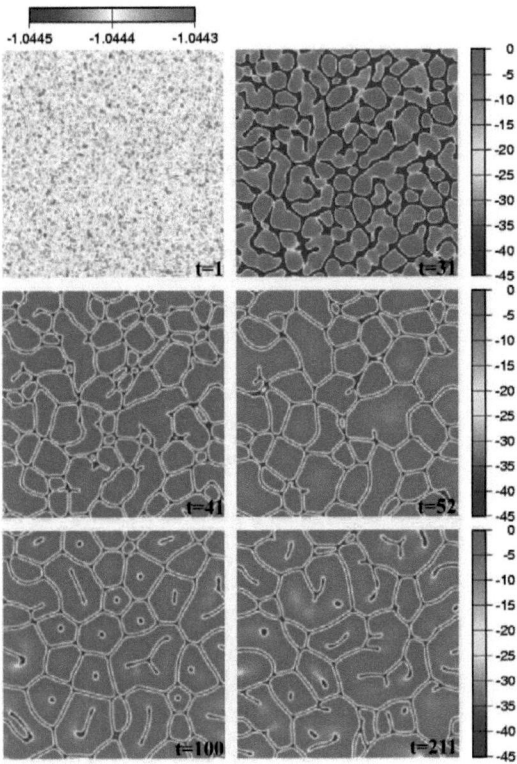

FIGURE 2.25 – *Expérience de convection de Rayleigh-Bénard avec un saut de viscosité tel que $\sigma = 10$, conditions initiales bruitées. la géométrie initiale est conservée (t=31) jusqu'à ce que le système se structure en grandes cellules de convection (t= 41 et 52), qui ne cessent d'évoluer (t=100 et 211)*

2.6 Stabilisation par une hétérogénéité chimique.

La méthode présentée ci-dessus peut être appliquée dans le cadre de l'instabilité de Rayleigh-Taylor (voir l'annexe A). Dans ce type de description, l'origine du moment n'est plus thermique mais chimique. Dans ce cadre, l'approximation à grande longueur d'onde est plus difficile à justifier puisqu'il n'y a pas de diffusion analogue à la diffusion thermique pour adoucir les courtes longueurs d'onde. Le développement présenté dans l'annexe A est donc purement informatif. Néanmoins, ce formalisme est applicable dans le cadre d'un couplage entre des hétérogénéités thermiques et chimiques.

2.6.1 Description

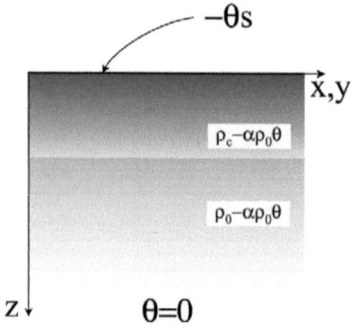

FIGURE 2.26 – *Profil de densité lorsqu'on intègre une croûte plus légère. Les conditions aux limites pour la température sont inchangées.*

Envisageons un fluide d'extension infinie présentant des hétérogénéités thermiques et chimiques. Plus précisément, on envisage, une couche supérieure, admettant une densité $\rho_c - \alpha\rho_0\theta$ (où $\rho_c < \rho_0$ afin d'avoir un effet stabilisant), surplombant une couche d'hétérogénéités thermiques présentant une densité $\rho_0(1-\alpha\theta)$. Cette configuration permet de définir deux moments, source de mouvement, le moment des hétérogénéités d'origine chimique,

$$M_C = -\int_0^{+\infty}(\rho_0 - \rho_c)z\,dz. \sim -\Delta\rho C^2. \quad (2.79)$$

où $\Delta\rho$ représente le contraste de densité d'origine chimique entre la couche de fluide du haut d'épaisseur C et le milieu inférieur. Ce moment est toujours négatif. Le moment d'origine thermique

$$M_L = -\alpha\rho_0 \int_0^{+\infty}\theta z\,dz. \sim \Delta\theta L^2. \quad (2.80)$$

où $\Delta\theta$ représente l'écart extrême de température et L l'épaisseur sur laquelle existe les hétérogénéités de température. Ce moment est toujours positif. Le lien entre la vitesse horizontale de la plaque supérieure et ces deux quantités s'exprime,

$$\hat{v}_H(k) = \frac{ik}{2k}\frac{1}{1+2\sigma k}\frac{g}{\eta_0}(\hat{M}_C(k) + \hat{M}_L(k)) \quad (2.81)$$

où l'effet stabilisateur de la croûte apparaît par réduction de l'efficacité des hétérogénéités de densité thermique.

La conservation de la masse d'une part et la conservation de l'énergie d'autre part permettent d'écrire des équations d'évolution pour ces deux quantités. Muni de la relation de fermeture (2.81) et des équations d'évolution (43) et (A.3), nous sommes à même de quantifier l'effet de la croûte sur la formation de panaches à partir de la lithosphère. En utilisant l'adimensionalisation qui a été utilisée dans l'article Lémery *et al.* (2000), tous les paramètres physiques disparaissent.

2.6.2 Résultats numériques

Conditions intiales

La dynamique lithosphérique domine la dynamique crustale et cela présidera au choix des conditions initiales. En effet, bien que dans la relation de fermeture (2.81), moment thermique et chimique jouent un rôle identique, leur dynamique propre diffère. L'équation d'évolution de la croûte ne contient pas de terme de diffusion, son rôle se borne donc à créer un champ de vitesse susceptible d'uniformiser le moment d'origine chimique. Par contre, l'équation d'évolution de la couche limite thermique contient des termes de diffusion, le moment thermique croît donc continuement et finit toujours par atteindre une valeur de déstabilisation qui domine les effets stabilisants de la croûte.

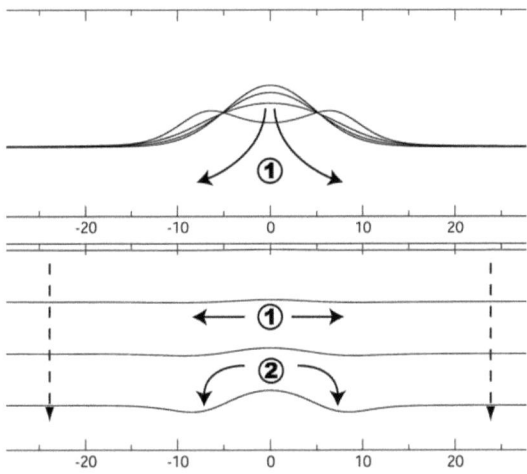

FIGURE 2.27 – *Evolution de la croûte et de la lithosphère mantellique. En haut, nous avons représenté le moment lié aux hétérogénéités chimiques. Celui-ci décroît sous l'effet de la poussée d'archimède. En bas, le moment d'origine thermique, qui commence par subir les effets liés à la croûte avant de plonger dans le manteau sous son propre poids. Les signes de ces moments sont inversés par rapport à leur définition dans le texte afin d'obtenir une visualisation plus intuitive.*

Afin d'illustrer ce processus, envisageons des conditions initiales telles que le moment thermique est initialement uniforme tandis que le moment chimique présente une forme gaussienne. Dans un premier temps, la croûte tend à s'aplanir tandis que la lithosphère croît uniformément par diffusion. Dans la représentation de cette expérience (figure 2.27) et dans les figures suivantes, les signes des deux moments ont été inversés afin d'obtenir une représentation plus intuitive, la croûte est représentée positivement, au-dessus de la lithosphère, représentée négativement. Lorsque la lithosphère est suffisament épaisse pour se déstabiliser, elle commence à le faire au niveau des faiblesses créées par la dynamique initiale (voir la figure 2.27), une fois les panaches initiés, la croûte n'a plus qu'un effet légèrement stabilisateur sur la dynamique de la lithosphère.

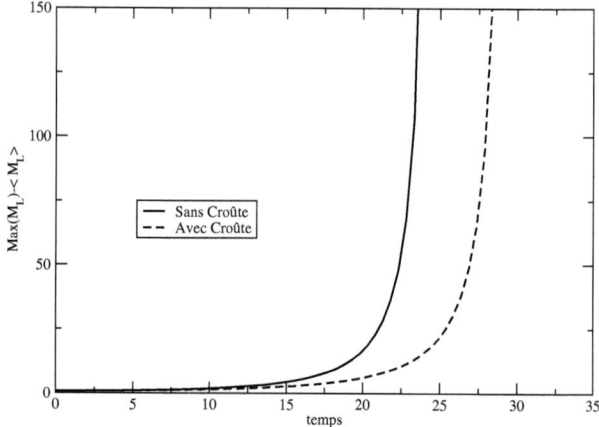

FIGURE 2.28 – *Evolution de la croûte et de la lithosphère mantellique. En haut, nous avons représenté le moment lié aux hétérogénéités chimiques. Celui-ci décroît sous l'effet de la poussé d'archimède. En bas, le moment d'origine thermique, qui commence par subir les effets liés à la croûte avant de plonger dans le manteau sous son propre poids. Les signes de ces moments sont inversés par rapport à leur définition dans le texte afin d'obtenir une visualisation plus intuitive.*

Ainsi, dans toutes les simulations qui suivront, nous partirons d'une lithosphère initialement bruîtée, tandis que la croûte continentale est initialement uniforme. Cette dominance de la dynamique lithosphérique sur la dynamique crustale induit, de manière identique au cas sans croûte, des singularités en temps finis. Bien que la croûte ait un léger effet stabilisateur, elle expérimente le champ de vitesse que la lithosphère génère. Ainsi, les deux moments atteignent l'infini en un temps fini. L'effet de la couche mince moins dense est de ralentir ce processus, comme on peut le voir sur la figure 2.28 où la différence entre le maximum du moment thermique et sa moyenne a été représentée en fonction du temps dans le cas unidimensionnel. Afin d'observer une dynamique plus complexe, nous utiliserons donc le même procédé que celui qui a été décrit dans l'article Lémery *et al.* (2000), à savoir, annuler le terme en ∇v dans les équations de dynamique des deux moments lorsque les moments deviennent trop grands, et cela pour les mêmes raisons (s'il n'y a pas de différence de densité ou de température entre la surface et la profondeur Z d'intégration, ce terme s'annule).

Simulations à 1 dimension

Sur la figure 2.29 est représenté une simulation à une dimension pour un contraste de viscosité tel que $\sigma = 10$. Initialement, le moment thermique croît jusqu'à atteindre une valeur de déstabilisation. Les singularités thermiques croîent et entraînent la couche mince moins dense. Par le jeu des interactions entre les panaches, les zones épaisses de la croûte (des continents) s'agglutinent et le moment d'origine chimique s'annule par endroit. Des zones d'instabilités peuvent apparaître dans ces zones

Stabilisation par une hétérogénéité chimique.　　　　　　　　　　　　　　　　　　　　109

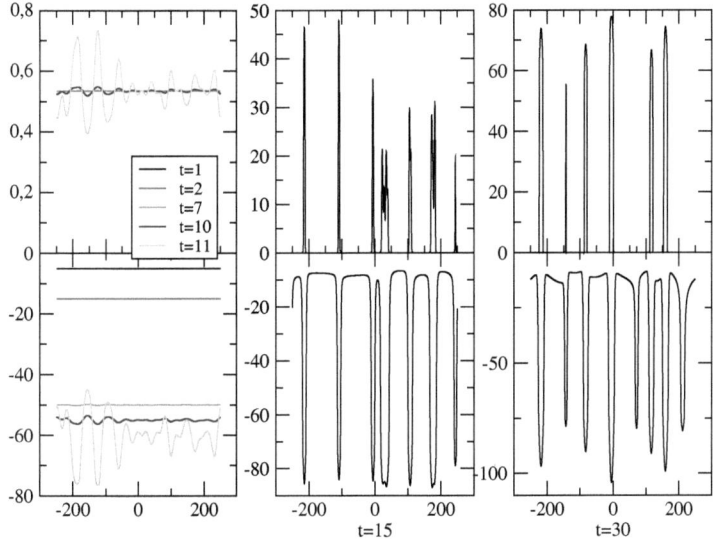

FIGURE 2.29 – *Initialement, la croûte est uniforme. La couche limite thermique croît par diffusion (t=1-7) jusqu'à atteindre une valeur de déstabilisation(t=10, 11). Des singularités émergent et emportent dans leur plongée la croûte plus légère (t=15). Cette dernière s'agglutine autour de ces zones d'instabilités et s'annule par endroit (t=30). Dans ces zones, la couche limite thermique continue de se déstabiliser et des panaches, analogues à des zones de subductions intra-océaniques, se développent.*

où seul le moment thermique croît. Ce processus est analogue à celui qui intervient dans les zones de subductions intra-océaniques.

La périodicité implique une interaction entre tous les panaches telle qu'ils finissent tous par se rencontrer et s'agglomérer en un seul. Ainsi, tous les continents, dont les déplacements sont pilotés par l'interaction entre les panaches, finissent par s'agglomérer en un seul continent comme cela est décrit dans la figure 2.30.

Simulations à 2 dimensions

A deux dimensions, cet effet d'interaction entre panaches n'apparaît pas. Le gain d'une dimension permet à des positions d'équilibre plus complexe de se maintenir dynamiquement. La figure 2.31 présente une simulation dans laquelle les continents continuent de se former jusqu'à ce que tous les matériaux nécessaires à leur construction aient été consommés. Dans cette figure également, les signes des moments thermiques et chimiques ont été inversés afin de présenter une lecture plus intuitive. Dans une seconde étape, les continents se maintiennent, la lithosphère continuant de se déstabiliser dans des zones sans matériaux légers, qui correspondrait à des zones océaniques. Les structures créées dans les zones intra-océaniques sont beaucoup plus fines, correspondant aux dimensions des simulations précédentes : la figure 2.31 présentant des continents est à comparer à la figure 2.25, sans

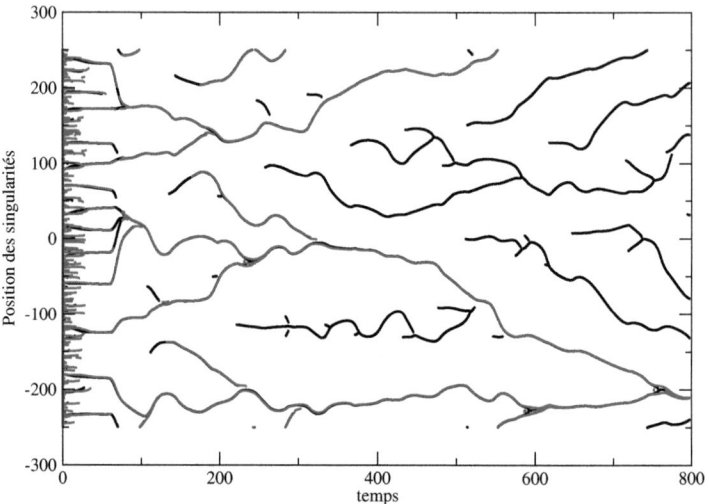

FIGURE 2.30 – *Position des panaches en fonction du temps, en noir les instabilités de la couche limite thermique, en rouge les "continents". Initialement, panaches et continents sont fortement corrélés. Puis des singularités émergent de la couche limite thermique sans générer de continents, les matières légères de la croûte étant inexistantes au niveau des zones de naissance de ces instabilités. Par le jeu des interactions entre les singularités, les continents finissent par s'agglomérer en un unique continent.*

continents.

2.7 Conclusion

Nous avons décrit une méthode permettant la description de la convection de Rayleigh-Bénard pour un nombre de Prandtl et de Rayleigh infini. Elégante, elle fournit un outil puissant pour décrire le comportement asymptotique de la convection de Rayleigh-Bénard dans des régimes difficilement accessibles autrement. Le régime de convection terrestre est situé dans un régime proche du régime asymptotique. Mais nous verrons que la description que nous venons de faire ne peut suffire à décrire les composantes essentielles de l'évacuation de la chaleur par la Terre comme la tectonique des plaques. Il manque pour cela un ingrédient essentiel : les variations latérales de viscosité. Celles-ci sont difficiles à inclure dans un modèle basé sur une projection dans l'espace de Fourrier. Nous n'avons pas pu résoudre ces questions et le terrain d'investigation reste ouvert pour de futurs développements.

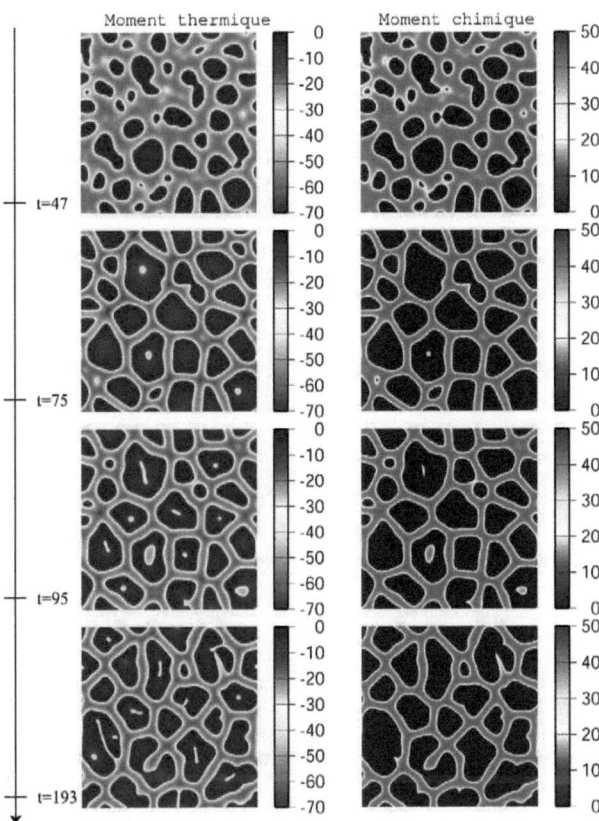

FIGURE 2.31 – *Simulation de la convection de Rayleigh-Bénard avec une couche mince de fluide moins dense en surface équivalent à la lithosphère sous la croûte continentale. Initialement, la lithosphère est bruitée et la croûte continentale est uniforme. Dans une première étape, les panneaux plongeants et les continents se mettent en place (t=47), puis des panaches continuent de plonger au sein de zones "océaniques" (t=75). Ils agglomèrent les restes de matériaux moins denses qui finissent par se concentrer pour former de nouveaux continents(t=95). Finalement des panneaux plongeants intra-océaniques apparaissent (t=193).*

Références

AREF, H. 1983, Integrable, chaotic, and turbulent vortex motion in two-dimensional flows. *Ann. Rev. Fluid. Mech.* **15**, 345–389.

BATCHELOR, G.K. 1954, Heat convection and buoyancy effects in fluids. *Quart. J. R. Met. Soc.* **80**, 339–358.

BÉNARD, H 1900, Les Tourbillons Cellulaires dans une Nappe Liquide. *Rev. Gen. des Sci. pures et appl.* **11**, 1261–1271.

BERCOVICI, D. AND RICARD, Y. AND RICHARDS, M. 2000, The relation between mantle dynamics and plate tectonics : A primer. In *The history and dynamics of Global Plate motion*(Ed. M.A. Richards, R. Gordon & R. Van des Hilst). AGU, Geophysical Monograph 121

BIRD, P. 1954, Formation of the Rocky Mountains, Western United States : A Continuum Computer Model. *Science* **238**, 1501–1507.

CANRIGHT, D. & MORRIS, S. 1993, Buoyant instability of a viscous film over a passive fluid. *J. Fluid. Mech.* **255**, 349–372.

CHANDRASEKHAR, S. 1981, *Hydrodynamic and hydromagnetic stability*, Dover.

COLIN, P. & FLEITOUT, L. 1990, Topography of the ocean floor : Thermal evolution of the lithosphere and interaction of deep mantle heterogeneities with the lithosphere. *Geophys. Res. Lett.* **17**, 1961–1964.

CROUGH, S.T. 1977, *Phys. Earth planet. Int.* **14**, pp 365–377.

DAVIES, G. F. & RICHARDS, M.A., 1992, mantle convection, *J. Geol.*, **100**, pp 151–206.

DEPARIS, V. & LEGROS, H., 2000, *Voyage à l'intérieur de la Terre. De la géographie antique à la géophysique actuelle. Une histoire des idées*, CNRS Editions, Paris.

DOUIN, M.P. & FLEITOUT, L., 2000, Flattening of the oceanic topography and geoid : thermal versus dynamic origin. *Geophys. J. Int.*, **143**, pp582–594.

ENGLAND, P.C. & MCKENZIE, D.P. 1982, A thin viscous model sheet model for continental deformation. *Geophys. J. R. Astron. Soc.* **70**, 295–322.

ERDÉLYI, A. 1954, *Tables of Integral Transforms*. McGraw Hill.

FLEITOUT, L. & FROIDEVAUX, C. 1982, Tectonic and topography for a lithosphere containing density heterogeneities. *Tectonics* **1**, 21–56.

FLEITOUT, L. & FROIDEVAUX, C. 1983, Tectonic stresses in the lithosphere. *Tectonics* **2**, 315–324.

GIANNANDREA, E. & CHRISTENSEN, U. 1993, Variable viscosity convection experiments with a stress-free upper boundary and implications for the heat transport in the earth's mantle. *Phys. Earth Planet Inter.* **78**, 139–152.

GOLDSTEIN, R.J., CHIANG, H.D. & SEE,D.L. 1990, High-Rayleigh-number convection in a horizontal enclosure. *J. Fluid. Mech.* **213**, 111–126.

HEESTAND, R.L. AND CROUGH, S.T. 1981, The effect of hot spots on the oceanic age-depth relation. *J. Geophys. Res.*, **86**, 6107–6114.

HOUSEMAN, G. & ENGLAND, P. 1986, A dynamical model of lithosphere extension and sedimentary basin formation. *J. Geophys. Res.* **91**, 719–729.

HOWARD, L.N. 1966, Convection at high Rayleigh number. In *Proc. II. Int. Congree Appl. Mech.* (ed. H. Goertler). 1109–1115. Springer.

REFERENCES

HUMLER, E., LANGMUIR, C. & DEVAUX, V. 1999, Depth versus Age : new perspectives from the chemical compositions of ancient crust. *Earth Planet. Sci. Lett.* **173**, 7–23.

HUSSON, L. & RICARD, Y. 2001, Stress balance above subduction : application to the Andes. Submitted to *Geophys. J. Int.*

LÉMERY, C., RICARD, Y. & SOMMERIA, J. 2000, A model for the emergence of thermal plumes in the Rayleigh-Bénard convection at infinite Prandtl number. *J. Fluid. Mech.* **414**, 225–250.

MCKENZIE, D.P., ROBERTS, J.M. & WEISS, N.O. 1974, Convection in the earth's mantle : towards a numerical simulation *J. Fluid. Mech.* **62**, 465–538.

MANGA, M. & WEERARATNE, D. 1999, Experimental study of non-Boussinesq Rayleigh-Bénard convection at high Rayleigh and Prandtl numbers. *Phys. Fluids* **11**, 2969–2976.

MARTY, J.C. & CAZENAVE, A. 1989, Regional variations in subsidence rate of oceanic plates : a global analysis. *Earth Planet. Sci. Let.* **94**, 301–315.

MOSES, E., ZOCCHI, G. & LIBCHABER, A. 1993, An experimental study of laminar plumes. *J. Fluid. Mech.* **251**, 581–601.

MUKHERJEE, D. K., PRASAD, V., AND TAN, H., 1997, Measurement of Thermal Gradients and Fluctuations Using Liquid Crystals, *Proceedings of the ASME Heat Transfer Division*, 3, HTD-Vol.353, ASME, New York, 81–95.

NATAF, H.C. 1991, Mantle convection, plates, and hotspots. *Tectonophysics* **187**, 361–371.

OLSON, P., SCHUBERT, G. & ANDERSON, C. 1993, Structure of axisymmetric plumes. *J. Geophys. Res.* **98**, 6829–6844.

OERTEL, H., JR 1982, *Flow visualization II* W. Merzkirch, ed., 71–76. Washington : Emisphere.

OERTEL, H., JR & KIRCHARTZ, K.,R. 1979, *Recent developments in Theoretical and experimental Fluid Mechanics,* U. Müller, K.G. Roesner & B. Schmidt, eds., 355–366. Berlin : Springler-Verlag.

PARSONS, B. & MCKENZIE, D.P. 1978, Mantle convection and the thermal structure of the plates, *J. Geophys. Res.*, **83**, 4485–4496.

PEARSON, J.R.A. 1958, On convection cells induced by surface tension. *J. Fluid. Mech.* **4**, 489–500.

POZRIKIDIS, C. 1992, *Boundary Integral and Singularity Methods for Linearized Viscous Flow.* Cambridge.

RICARD, Y., FLEITOUT, L. & FROIDEVAUX, C. 1984, Geoid heights and lithospheric stresses for a dynamic Earth. *Annales Geophysicae* **2**, 267–286.

RICARD, Y. 2002, La physique de la terre, *En préparation.*

SCHROEDER, W., 1984, The empirical age-depth relation and depth anomalies in the Pacific Ocean basin. *J. Geophys. Res.*, **89**, 9873–9884.

SCHUBERT, G., FROIDEVAUX, C. & YUEN, D.A. 1976, Oceanic lithosphere and asthenosphere : Thermal and mechanical structure. *J. Geophys. Res.*, **81**, 3525–3540.

SIGGIA, E.D. 1994, High Rayleigh number convection. *Ann. Rev. Fluid Mech.* **26**, 137–168.

SOTIN, C. & LABROSSE, S. 1999, Three-dimensional thermal convection in an iso-viscous, infinite Prandtl number fluid heated from within and from below : applications to the transfer of heat through planetary mantles. *Phys. Earth Planet. Int.* **112**, 171–190.

STEIN, C.A. & STEIN, S. 1992, A model for the global vairation in oceanic depth and heat flow with lithospheric age, *Nature* **359**, 123–129.

SPARROW E.M., HUSAR, R.B. & GOLDSTEIN, R.J. 1970, Observations and other characteristics of thermals, *J. Fluid Mech.* **41**, 793–800.

TACLEY, P.J. 1996, Effects of strongly variable viscosity on three-dimensional compressible convection in planetary mantles *J. Geophys. Res.* **101**, 3311–3332.

THESS, A., SPIRN, D. & JÜTTNER, B. 1995, Viscous flow at infinite Marangoni Number. *Phys. Rev. Lett.* **75**, 4614–4617.

THESS, A., SPIRN, D. & JÜTTNER, B. 1997, A two-dimensional model for slow convection at infinite Marangoni number. *J. Fluid. Mech.* **331**, 283–312.

TRAVIS, B., OLSON, P. & SCHUBERT, G. 1990, The transition from two-dimensional to three-dimensional planforms in infinite-Prandtl-number thermal convection. *J. Fluid. Mech.* **216**, 71–91.

TURCOTTE, D.L. & OXBURGH, E.R. 1967, Finite amplitude convection cells and continental drift. *J. Fluid. Mech.* **28**, 29–42.

TURCOTTE, D.L. & SCHUBERT, G. 1982, Geodynamics *John Wiley & Sons Ed.*

VAN DYKE, M. 1982, *An album of fluid motion*, The parabolic press, Stanford.

VILOTTE, J.P. & DAIGNIÈRES, M. 1982, Numerical modeling of intraplate deformation : simple mechanical models of continental collision. *J. Geophys. Res.* **87**, 10,709–10,728.

Chapitre 3

Un modèle de compaction et d'endommagement

3.1 Comment la convection s'organise-t-elle en plaque ?

La tectonique des plaques est l'expression de l'évacuation de l'énergie thermique en excès dans la terre profonde sous la forme de convection globale du manteau. Pourtant le moyen par lequel la convection se structure en tectonique des plaques reste incompris. Nous avons vu qu'un certain nombre d'observables à grande échelle étaient expliquées, ou tout au moins partiellement comprises, à l'aide de modèles simples. Ainsi, la topographie et les flux de chaleur des fonds océaniques sont bien expliqués par des descriptions en couche limite, l'interaction entre croûte et lithosphère peut être grossièrement décrite par un modèle en couche mince visqueuse. Ces quelques développements sont des explications à l'ordre zéro qui permettent de saisir l'essence des phénomènes observés.

Mais il demeure certaines zones d'ombre majeures qui restent à élucider. Les mouvements tectoniques sont caractérisés par une structuration en plaque (voir la figure 3.1). La distribution des contraintes est très hétérogène. De larges régions sont rigides, avec de très fortes viscosités. Ces régions sont séparées par des régions d'extension beaucoup plus limitées dans lesquelles la viscosité chute. Les parties rigides sont la base de la définition des plaques tandis que les parties qui se déforment intensément permettent la définition des frontières de ces plaques. On distingue trois grands types de dynamique pour ces frontières, des zones divergentes, des zones convergentes et des zones décrochantes. Nous allons sommairement passer en revue ces structures majeures et les comparer aux résultats de la convection classique. Par ce terme nous entendons la convection de Rayleigh-Bénard, pour un fluide newtonien.

frontières convergentes Les zones de divergences sont généralement symétriques dans le cadre de la convection classique. Les zones de plongées de matière froide sont constituées de matériaux issus de deux couches limites convergentes, symétriquement. Les zones de convergences terrestres ne correspondent pas à ce schéma, elles sont particulièrement dissymétriques, l'une des plaques plongeant sous l'autre. Cela est généralement attribué au processus opérant au niveau des zones de frontières océan-continents. La lithosphère océanique est plus dense que la croûte. Ainsi, elle aurait tendance à plonger devant la plaque continentale. Ce schéma n'est pas totalement satisfaisant car les zones de

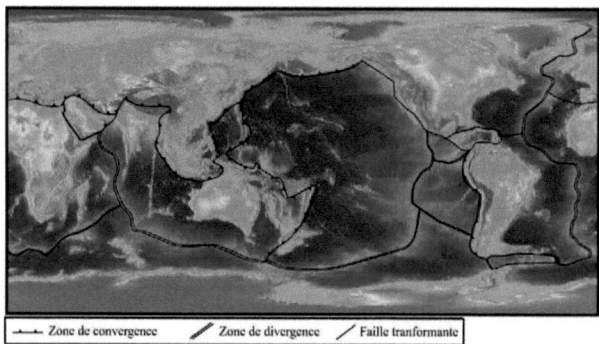

FIGURE 3.1 – *Représentation schématique de la tectonique des plaques avec les différents types de frontières. Les zones divergentes ne sont pas exclusivement divergentes, on y observe une alternance des failles transformantes et de rifts divergents.*

convergences intra-océaniques présentent également une dissymétrie identique.

frontières divergentes Dans les modèles classiques de convection, on observe soit des zones de divergences actives, étroites, liées à la remontée de matériaux chauds en profondeur, soit des zones de divergence passive, large, de source peu profonde, en réponse à l'écoulement descendant de matériaux froids. A la surface de la terre, ce sont essentiellement des zones passives, étroites et de source peu profonde. Bien que l'on puisse comprendre que ces zones émergent comme des zones de déchirement de la lithosphère, la distance entre elles, et donc la taille moyenne des plaques reste un terrain fertile d'investigation.

frontières transformantes Les frontières transformantes sont caractérisées par des mouvements purement horizontaux, le long de la frontière. Peu de frontière de plaques sont purement transformantes mais la structure des zones divergentes est largement constituée de zones transformantes. En effet, les segments de rift, divergents, sont séparés par de longues failles coulissantes, le long desquelles les deux plaques glissent l'une contre l'autre. Dans une expérience classique de convection, avec une viscosité constante et uniforme, de tels mouvements ne sont pas observés et nous verrons ultérieurement pourquoi. Pour observer de telles zones, il est nécessaire d'introduire des rhéologies permettant des variations de viscosités horizontales. C'est le cas de viscosité dépendant de la température par exemple. Même avec de telles rhéologies nous sommes très loin d'observer autant de mouvements transformants que dans le cas de la terre. Cette problématique est cruciale pour la compréhension de la structuration de la convection mantellique en plaque et la simulation de tel comportement a fait l'objet de multiples travaux depuis l'avènement de la géodynamique (Christensen & Harder, 1991 ; Ribe, 1992 ; Cadek *et al.*, 1993).

Tout mouvement tri-dimensionnel observé à partir d'une surface peut être décomposé en deux grandes classes de mouvement : les mouvements poloïdaux et les mouvements toroïdaux. Les premiers s'effectuent dans un plan perpendiculaire à la surface tandis que les second sont purement parallèles à la surface. La convection de Rayleigh-Bénard avec un fluide iso-visqueux, dont le moteur est l'énergie thermique convertie en énergie gravitationnelle, s'exprime exclusivement à travers des mouvements poloïdaux. Pour la terre, la distribution des zones de subductions, des dorsales et des failles transformantes est telle que la composante toroïdale représente presque 50 % de l'énergie cinétique totale qui s'exprime à sa surface. Pour comprendre l'origine d'un tel comportement, il est nécessaire de développer les notions de mouvements poloïdaux et de mouvements toroïdaux et de s'interroger sur les sources de chaque type de mouvement. Cette étude nous permettra de mieux saisir les ingrédients nécessaires à l'élaboration d'une tectonique des plaques.

3.1.1 Le rôle des hétérogénéités de viscosité

Nous allons considérer un fluide visqueux soumis aux équations de conservation décrites dans l'introduction. Dans l'approximation de Boussinesq, l'équation de conservation de la masse s'écrit

$$\nabla.v = 0. \tag{3.1}$$

Cette équation implique un couplage entre les 3 composantes de la vitesse. Dans ces conditions, 2 variables indépendantes sont nécessaires pour décrire complètement le champ de vitesse. En utilisant la propriété $\nabla.(\nabla \times a) = 0$ pour tout vecteur a, on peut écrire le champ de vitesse, dans un repère cartésien, sous la forme,

$$v = \nabla \times \nabla \times (\Phi z) + \nabla \times (\Psi z), \tag{3.2}$$

où z est le vecteur orthogonal à la surface considérée, ici la verticale. La quantité Φ représente le potentiel poloïdal du champ de vitesse et la quantité Ψ est le potentiel toroïdal. Si l'on considère la composante horizontale ∇_H de l'opérateur ∇, la divergence horizontale de la vitesse, s'écrit,

$$\nabla_H.v = \nabla_H^2(\partial_z \Phi), \tag{3.3}$$

tandis que le rotationnel horizontal de la vitesse, s'écrit

$$\nabla_H \times v = -\Delta_H \Psi. \tag{3.4}$$

La composante poloïdale permet la description des flux descendants et montants, des pôles de divergence et de convergence à la surface, tandis que la composante toroïdale décrit les rotations horizontales et les mouvements de type vortex.

La figure 3.2, basée sur les travaux de Dumoulin *et al.* (1998), représente la divergence horizontale et la vorticité à la surface de la terre. Il s'agit donc de la représentation haute fréquence des composantes poloïdales et toroïdales de la vitesse. Les valeurs positives de la divergence correspondent à une création de matériaux tandis que les valeurs négative correspondent à une zone de destruction. Cette figure montre que la composante toroïdale est importante pour la terre et d'autres études ont montré que les deux types de mouvements présentent des niveaux d'énergies comparables, dans un grand domaine spectral et cela, depuis au moins 120 Ma (Hager & O'connell, 1978 ; Cadek & Ricard, 1992 ; Lithgow-Bertelloni *et al.*, 1993)

Pour comprendre comment générer des écoulements poloïdaux ou toroïdaux dans le contexte des écoulements extrêmement visqueux, nous allons suivre le raisonnement de Bercovici *et al.* (2000). Le développement est un peu mathématique, mais il est nécessaire de bien développer les différentes

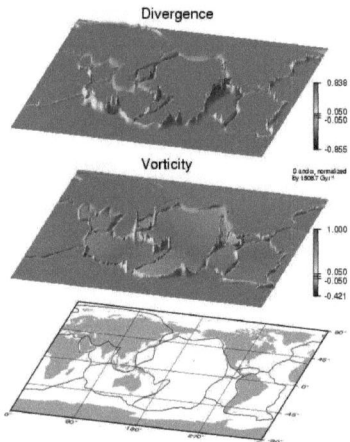

FIGURE 3.2 – *Champ de divergence (en haut) et de vorticité (au milieu) de la vitesse à la surface de la terre. d'après Dumoulin et al. (1998)*

équations d'équilibre afin de mettre en exergue les ingrédients indispensables à une tectonique des plaques. Dans les conditions d'un fluide extrêmement visqueux, l'équation de conservation du moment s'écrit,

$$-\nabla P + \eta \nabla^2 \boldsymbol{v} + \boldsymbol{e}.\nabla \eta + \rho g \boldsymbol{z} = 0, \tag{3.5}$$

où e est le tenseur des déformations, $e_{ij} = \partial_i v_j + \partial_j v_i$. En prenant $\boldsymbol{z}.\nabla \times \nabla \times$(3.5), on obtient,

$$\eta \nabla^4 \nabla_H \Phi = -\nabla_H^2(\rho g). \tag{3.6}$$

Les forces de volume gravitaire apparaissent donc comme les sources des mouvements poloïdaux. En prenant $\boldsymbol{z}.\nabla \times$(3.5), on obtient,

$$\eta \nabla^2 \nabla_H^2 \Psi = \boldsymbol{z} \nabla \eta \times \nabla^2 \boldsymbol{v} + \boldsymbol{z} \nabla \times (\boldsymbol{\eta}.\boldsymbol{e}). \tag{3.7}$$

Au-delà de la complexité apparente de cette équation, retenons que les sources de mouvements toroïdaux sont le produit des hétérogénéités de viscosité par des combinaisons du gradient des vitesses. Dans une expérience de convection, le moteur est l'énergie potentielle de gravité en excès (créé par les excès d'énergie thermique). Celle-ci se concentre exclusivement dans le champ poloïdal. Le champ toroïdal ne peut être excité que par l'interaction entre le champ poloïdal et les variations de viscosité. Le champ poloïdal n'apparaît pas explicitement dans l'équation (3.7) mais un développement de la vitesse selon l'expression (3.2) montre que ce champ n'apparaît pas du tout dans le membre de droite de l'équation (3.7) si les variations de la viscosité sont exclusivement verticales. Le transfert d'énergie du champ poloïdal au champ toroïdal ne peut se faire que par couplage à l'aide des variations latérales de viscosité.

Qualitativement, cela se comprend en imaginant une situation dans laquelle les forces convectives tirent ou poussent sur une couche limite thermique. Si celle-ci présente des zones de faible viscosité, la déformation aura tendance à se focaliser sur ces zones. Les différences de mouvements entre les zones fragiles et les zones plus rigides seront source de mouvements décrochants ou toroïdaux.

La question de savoir pourquoi les mouvements toroïdaux sont aussi prédominants sur terre reste ouverte. Les mouvements poloïdaux induisent des mouvements montants et descendants, ils sont donc primordiaux dans l'évacuation de l'énergie potentielle de gravité. L'énergie cinétique poloïdale est directement reliée à cette forme d'énergie. Les mouvements toroïdaux dissipent seulement l'énergie qui leur est donnée. Les mouvements étant horizontaux, ils ne favorisent pas la dissipation d'énergie potentielle de gravité, ni ne favorisent les transferts d'énergie thermique ou le refroidissement du fluide. Les mouvements toroïdaux paraissent superflus, et pourtant ils sont omniprésents sur la terre. La raison semble être la baisse de dissipation visqueuse induite par les mouvements toroïdaux lorsqu'ils sont surimposés aux mouvements poloïdaux (Bercovici, 1993, 1995 ; Bercovici *et al.*, 2000). En diminuant la dissipation visqueuse, les mouvements toroïdaux permettent une meilleure efficacité des mouvements surfaciques, et donc une plus grande efficacité des mouvements poloïdaux à évacuer l'excès d'énergie potentielle de gravité créée par les hétérogénéités de température.

3.1.2 Quelles rhéologies pour les modèles de convection numériques ?

Dans un système convectif, la viscosité peut être fonction de l'état thermodynamique, de l'état de contrainte et de la composition du fluide. Une simple dépendance en température ne peut pas suffire à générer des mouvements toroïdaux. Cela a bien été vérifié numériquement, les modèles de convection avec une viscosité variable montrent peu ou pas de mouvements du type tectonique des plaques (régions sans déformations qui côtoient des régions d'intenses déformations), et l'énergie cinétique toroïdale ne représente que 10 % de l'énergie totale (Christensen & Harder, 1991, Ogawa *et al.*, 1991). Cela traduit d'une part la rigidification de la couche limite thermique supérieure froide qui interdit les mouvements surfaciques, et d'autre part la corrélation des hétérogénéités de viscosité avec les mouvements poloïdaux. En effet, si la viscosité varie thermiquement, ses variations sont fortement couplées avec les variations de densité, donc avec les variations de potentiel poloïdal en vertu de l'équation (3.6). Or, si ces deux champs sont couplés, peu de sources apparaîtront dans l'équation (3.7), le potentiel toroïdal est donc faiblement excité.

Il est donc nécessaire de faire intervenir d'autres processus pour élaborer des mouvements de type tectonique des plaques. Les rhéologies auto-lubrifiantes semblent les plus prometteuses (Bercovici, 1993, 1995, Tackley, 1998, 2000). De telles rhéologies sont caractérisées par un comportement de fluide visqueux traditionnel pour les petites déformations et par une chute de la viscosité pour les grandes déformations (Whitehead & Gans, 1974), comme cela est décrit figure 3.3. Cela permet de concentrer spatialement les zones d'intenses déformations et favorise des transferts d'énergie du champ poloïdal au champ toroïdal, ainsi que des écoulements similaires à ceux de la tectonique des plaques. La simple utilisation de lois rhéologiques du type auto-lubrifiant ne suffit pas à décrire intégralement les mouvements convectifs terrestres et leur expression en surface. Il manque un ingrédient indispensable : l'effet mémoire des jeux de failles. Les rhéologies du type de celles décrites figure 3.3 sont instantanées. Les zones de faiblesses existent tant que le milieu est déformé. Dés que la déformation cesse, les frontières disparaissent. Or il est bien connu que dans la tectonique des plaques, bien que de nouvelles frontières de plaques se forment, les anciennes persistent et sont même des zones de ré-activation privilégiées en cas de nouvelles déformations. Il est donc nécessaire de sonder l'origine physique, microscopique de telles rhéologies afin de bâtir un modèle intégrant un comportement auto-lubrifiant ET une possibilité d'effet mémoire.

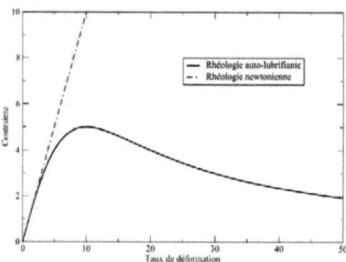

FIGURE 3.3 – *Illustration de la rhéologie auto-lubrifiante. En pointillé, la rhéologie classique Newtonienne (les contraintes sont proportionnelles aux déformations), en continu, la rhéologie auto-lubrifiante.*

Plusieurs explications ont été donnés quant à l'origine du comportement auto-lubrifiant. Historiquement, ces rhéologies sont la simplification des modèles développés par Schubert & Turcotte (1972) couplant une viscosité dépendant de la température à un réchauffement local par dissipation visqueuse. Schématiquement, dans les zones d'intenses déformations, le milieu tend à se réchauffer, ce qui tend à diminuer la viscosité localement, donc la résistance à la déformation, ce qui favorise le réchauffement, etc... Ce modèle fort séduisant ne suffit pas à expliquer les mouvements particuliers observés dans les systèmes convectifs. En effet, le plus fort contraste de température est vertical, à travers la couche limite thermique et les contrastes de température latéraux ne suffisent pas à démarrer le processus décrit ci-dessus. Dans les systèmes convectifs à viscosité variable dépendant de la température, la couche limite supérieure est tellement froide que les mouvements y sont "gelés". Karato (1989) propose un modèle de rhéologie dépendant de la taille des cristaux et impliquant une recristallisation dynamique. Cette description, fort bien détaillée dans la littérature, est basée sur des processus de faibles temps caractéristiques, ils ne peuvent donc suffire par eux-même à décrire la persistance des frontières de plaques.

De toutes les planètes telluriques, seule la terre possède une tectonique des plaques bien que les autres planètes présentent des signes d'évacuation de la chaleur (volcanisme et épanchement de lave pour Vénus, Mars et Io). Ce fait surprenant a amené un certain nombre d'auteurs (Tozer, 1985 ; Lenardic & Kaula, 1994, 1996) à faire l'hypothèse que l'eau, inexistante sur les autres planètes telluriques, agit comme lubrifiant de la tectonique des plaques. Cela est cohérent avec la persistance des jeux de failles car si la longévité des zones de faiblesse par ingestion de liquide est contrôlée par la difusivité chimique de l'eau (qui est plus petite de plusieurs ordres de magnitude que la diffusivité thermique) alors ces zones devraient persister pendant plus longtemps que les hétérogénéités de température. Le processus présente certaines similarités avec l'autolubrification thermique. Considérons que la déformation favorise l'ingestion d'eau. L'eau agit comme un lubrifiant pour la matrice, ainsi, lorsqu'un mélange matrice/eau est soumis à une forte contrainte, il se déformera préférentiellement sur les zones riches en eau, ce qui aura pour effet d'augmenter la concentration en eau et favorisera encore plus la focalisation de la déformation. Ce mécanisme a été étudié par Bercovici (1998), et permet de rendre compte d'un certain nombre d'observables de la convection terrestre. Cependant, afin de comprendre l'effet mécanique de l'eau sur les écoulements convectifs il est nécessaire de se munir d'un modèle robuste d'écoulement bi-phasique de fluide. En effet, nous avons vu que l'effet auto-lubrifiant de l'eau est basé sur une forte dépendance de l'ingestion d'eau en la déformation. Bercovici *et al.* (2001a) proposent un modèle d'écoulement bi-phasique dont l'originalité réside dans la prise en compte de l'énergie déposée en surface sous la forme de tension superficielle. Ceci permet d'explorer les effets de localisation des contraintes et d'endommagement.

3.2 Ecoulement de fluides bi-phasiques

La dynamique d'auto-focalisation est étroitement liée à la dynamique de l'endommagement. Sous l'effet de fortes contraintes, des micro-fissures apparaissent au sein des matériaux. En se concentrant, ces dernières créent des zones de faiblesses dans les matériaux qui vont avoir tendance à focaliser les déformations. Nous proposons de décrire ce processus à l'aide d'un modèle de dynamique continu d'un fluide poreux.

La dynamique des écoulements bi-phasiques est complexe et couvre de nombreux champs d'application. De nombreux auteurs se sont intéressés à cette problématique (*cf.* Dree & Passman, 1999). Cependant, rares sont les études incluant les effets de surface dans un modèle dynamique continu et fermé. Pourtant cet aspect est fondamental dans la description du comportement auto-lubrifiant décrit ci-dessus. En effet, la possibilité de générer des micro-fissures nécessite le stockage de l'énergie visqueuse sous la forme d'énergie surfacique. Fondamentalement, l'énergie entrant en jeu dans l'endommagement est associée à l'énergie de surface libre créée à la frontière entre les deux matériaux qui subissent les contraintes.

Cet effet apparaît aussi bien dans les écoulements bi-phasiques que dans la dynamique d'une matrice poreuse dont la cohésion interne défavorise la création de trous en son sein. Nous proposons de développer un modèle de dynamique d'une matrice poreuse, interagissant avec le vide. Ce modèle est proche de la description développée par Bercovici *et al.* (2001a), dont on trouve les applications à la compaction, à l'endommagement et à la localisation de la déformation dans Ricard *et al.* (2001a) et Bercovici *et al.* (2001b). Afin de simplifier la lecture, nous nous référerons à ce modèle comme étant le modèle BRS. Les auteurs de cette description envisagent l'interaction entre une matrice et un fluide. Pour notre part, nous considérerons une matrice poreuse dans le vide ou (ce qui est équivalent) interagissant avec un fluide parfait (non visqueux) libre de s'écouler hors de la matrice.

Cela nous permet de proposer une description analogue à BRS au niveau de la dynamique tout en réduisant le nombre d'inconnues de 10 à 6.

3.2.1 Description de la dynamique d'une matrice poreuse

Considérons une matrice continue interagissant avec un fluide parfait (non visqueux). Nous considérerons que l'interface entre les deux fluides est uniformément répartie et que tous les trous sont connectés entre eux de sorte que le fluide ne peut être emprisonné dans la matrice. Cette situation est équivalente à une matrice interagissant avec le vide. Nous ne considérerons pas la dynamique du fluide parfait, passive en regard de celle de la matrice. Nous supposerons que

1. la matrice possède une densité constante et uniforme, elle est donc incompressible ;
2. la matrice se comporte comme un fluide extrêmement visqueux, c'est-à-dire que les forces auxquelles elle est soumise sont en équilibre (inertie et accélération sont négligeables), et sa viscosité est constante et uniforme ;
3. le mélange de la matrice et du vide reste isotropique : il n'y a pas d'orientation préférentielle pour les pores et les grains.

Les propriétés intrinsèques de la matrice sont représentées par les mêmes symboles que dans le reste du manuscrit (ρ est la densité, etc...), agrémentés de l'indice $_m$. Dans la mécanique des milieux continus, il est nécessaire de définir un volume caractéristique de taille suffisamment grande pour moyenner les fluctuations microscopiques tout en étant suffisamment petite pour ne pas escamoter les variations mésoscopiques.

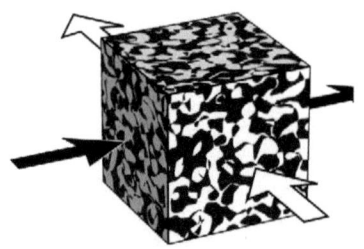

FIGURE 3.4 – *Représentation schématique du volume de contrôle δV. En noir, la matrice, en blanc les pores.*

Dans un mélange bi-phasé, il est nécessaire de définir un volume contenant suffisamment de pores pour que les grandeurs macroscopiques soient indépendantes des fluctuations de leur nombre, tout en restant suffisamment petit pour pouvoir définir des variations macroscopiques de ces grandeurs. Il est bien évident que la latitude du volume de contrôle est bien plus étroite dans le cas des mélanges bi-phasés que dans le cas d'un fluide unique. Notons δV ce volume. Afin de définir des grandeurs macroscopiques, il est nécessaire d'introduire la fonction θ, qui est nulle dans la matrice et égale à l'unité dans le vide. Cette distribution nous permet de définir la porosité,

$$\phi = \frac{1}{\delta V} \int_{\delta V} \theta dV, \tag{3.8}$$

qui mesure le taux de vide dans la matrice (ϕ est nulle lorsqu'il n'y a plus de pores), la masse de la matrice,

$$M_m = \int_{\delta V} \rho_m (1 - \theta) dV, \tag{3.9}$$

et sa vitesse moyennée,

$$(1 - \phi)\mathbf{v}_m = \frac{1}{\delta V} \int_{\delta V} \tilde{\mathbf{v}}_m (1 - \theta) dV. \tag{3.10}$$

Bien que la vraie vitesse microscopique $\tilde{\mathbf{v}}_m$ soit à divergence nulle, la vitesse moyennée, $\mathbf{v}_m$ ne l'est pas car elle est moyennée sur un volume dans lequel le nombre de pores peut varier en espace et en temps.

L'originalité de ce modèle consiste à inclure les effets de tension superficielle. Il est donc nécessaire de définir également une grandeur macroscopique permettant de "mesurer" le taux de surface contenu dans l'élément de volume δV. L'aire de l'interface entre matrice et vide est décrite par le gradient de la distribution θ. En effet, cette quantité est nulle dans le vide et la matrice mais infinie entre les deux. la surface comprise dans le volume δV est donc

$$\delta A_i = \int_{\delta V} |\boldsymbol{\nabla} \theta| dV. \tag{3.11}$$

Ce qui permet la définition de $\alpha = \delta A_i / \delta V$, quantité d'interface par unité de volume. Cette quantité est nécessairement une fonction de la porosité, ϕ. Elle s'annule lorsqu'il n'y a plus qu'une phase dans

Ecoulement de fluides bi-phasiques 123

le volume de contrôle. Une forme générale pour cette fonction répondant à cette propriété est

$$\alpha = \alpha_o \phi^a (1-\phi)^b, \tag{3.12}$$

mais toute fonction empirique $\alpha(\phi)$ telle que $\alpha(0) = \alpha(1) = 0$ pourrait être utilisée.

Ces quantités caractéristiques étant définies, nous nous proposons d'écrire les équations de conservation du mouvement d'ordre macroscopique en écrivant les bilans des variables conservatives au sein du volume de contrôle δV.

3.2.2 Equations du mouvement

Les grandeurs qui se conservent au sein de l'écoulement, sont, traditionnellement, la masse, le moment d'inertie et l'énergie. L'écriture des bilans de ces quantités est parfois lourde et fastidieuse. Nous ne rentrerons pas dans le détail de ces calculs mais esquisserons néanmoins leurs grandes lignes afin de conserver les éléments majeurs de cette théorie.

Conservation de la masse

Les variations de masse au sein du volume de contrôle sont pilotées par les transfert de masses à travers les surfaces qui délimitent le volume δV. Le bilan de masse de la matrice sur le volume δV s'écrit,

$$\frac{\partial}{\partial t} \int_{\delta V} \rho_m (1-\theta) dV = -\int_{\delta A} \rho_m \tilde{\mathbf{v}}_m \cdot ((1-\theta) \hat{\mathbf{n}} dA). \tag{3.13}$$

En utilisant le théorème de la valeur moyenne et en considérant que le volume d'intégration est suffisamment grand pour que les grandeurs soient continues et suffisamment petites pour que les variations des quantités soient linéaires, on montre que,

$$\boxed{\frac{\partial (1-\phi)}{\partial t} + \boldsymbol{\nabla} \cdot [(1-\phi) \mathbf{v}_m] = 0.} \tag{3.14}$$

qui peut également se réécrire sous la forme,

$$\frac{D_m \phi}{Dt} = (1-\phi) \boldsymbol{\nabla} \cdot \mathbf{v}_m. \tag{3.15}$$

où $D_m/Dt = \partial/\partial t + \mathbf{v}_m \boldsymbol{\nabla}$ représente la dérivée particulaire basée sur la vitesse $\mathbf{v}_m$.

Conservation de la quantité de mouvement

Les forces qui s'appliquent sur la matrice sont les forces de surface s'appliquant sur ses surfaces d'interactions avec le volume de contrôle δV, les forces d'interface entre le vide et la matrice et les forces de volume. Notons $\tilde{\underline{\boldsymbol{\sigma}}}_m$, le tenseur des contraintes dans la matrice, $\underline{\mathbf{H}}_m$, le tenseur des contraintes d'interface matrice/vide et $\hat{\mathbf{n}}$ la normale à la surface délimitant le volume δV, d'aire A. L'équilibre des forces s'écrit dans ces conditions

$$\int_{\delta A} \tilde{\underline{\boldsymbol{\sigma}}}_m \cdot ((1-\theta) \hat{\mathbf{n}} dA) + \int_{\delta A_i} \underline{\mathbf{H}}_m \cdot \hat{\mathbf{n}}_i dA + \int_{\delta V} \rho_m \mathbf{g} (1-\theta) dV = 0. \tag{3.16}$$

En supposant que la matrice est un milieu incompressible et iso-visqueux, on peut exprimer le tenseur des contraintes en fonction de la pression interne au fluide et du tenseur des déformations,

$$\tilde{\underline{\sigma}}_m = -\tilde{P}_m \underline{\underline{I}} + \tilde{\underline{\tau}}_m. \tag{3.17}$$

Un traitement identique à celui qui a été fait pour la conservation de la masse, permet de déduire l'équation de conservaton de la quantité de mouvement pour la matrice,

$$-\boldsymbol{\nabla}[(1-\phi)P_m] + \boldsymbol{\nabla} \cdot [(1-\phi)\underline{\underline{\tau}}_m] - \rho_m(1-\phi)g\hat{\mathbf{z}} + \mathbf{h}_m = 0. \tag{3.18}$$

Le terme d'interaction entre vide et matrice $\mathbf{h}_m$ contient simplement la contribution de l'effet de tension superficielle. Bien que la matrice soit plongée dans le vide, la tension superficielle conserve un sens car l'augmentation de l'interface matrice/vide présente un coût énergétique pour la matrice qui perd en cohésion à chaque nouveau pore créé.

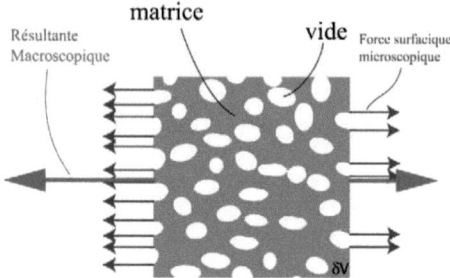

FIGURE 3.5 – *La résultante macroscopique de la tension de surface est fonction de la quantité d'interface à la surface de δV. Comme une force de pression, cette force de surface contribue dans l'équation de conservation de la quantité de mouvement à travers son gradient.*

Sur le volume de contrôle, la contribution de la tension de surface s'écrit,

$$\underline{\mathbf{T}} = \frac{1}{\delta V} \int_{C_i} \tilde{\sigma} \hat{t} d\ell, \tag{3.19}$$

où l'intégrale est effectuée sur la courbe C_i qui trace l'intersection entre la matrice et le vide sur la surface A de l'élément de volume. Les auteurs du modèle BRS proposent des arguments isotropiques permettant de transformer cette intégrale curviligne en intégrale de surface, $\frac{1}{\delta V} \int_{\delta A} \sigma \alpha \hat{n} dA$ où α représente le taux d'interface comprise dans le volume de contrôle, défini précédemment. Il s'agit donc d'une force surfacique identique dans la forme à une pression, et la force d'interaction avec le vide prend la forme, $\mathbf{h}_m = \boldsymbol{\nabla}(\sigma\alpha)$ (voir la figure 3.2.2). L'équation de conservation de la quantité de mouvement s'écrit donc,

$$\boxed{-\boldsymbol{\nabla}[(1-\phi)P_m] + \boldsymbol{\nabla} \cdot [(1-\phi)\underline{\underline{\tau}}_m] - \rho_m(1-\phi)g\hat{\mathbf{z}} + \boldsymbol{\nabla}(\sigma\alpha) = 0.} \tag{3.20}$$

Ecoulement de fluides bi-phasiques 125

Conservation de l'énergie

Les relations de conservation présentées ci-dessus fournissent quatre équations (une pour la conservation de la masse et trois équations pour la conservation de la quantité de mouvement). Le système est décrit par cinq paramètres : la porosité, ϕ, les trois coordonnées des vitesses, $\mathbf{v}_m$ et la pression P_m. Nous avons donc besoin d'une relation constitutive reliant, par exemple, la pression dans la matrice, P_m aux autres paramètres. Dans le cadre du modèle BRS, basé sur une généralisation des équations classiques de la mécanique des fluides à la physique des milieux biphasés, les auteurs dérivent cette relation des premier et deuxième principes de la thermodynamique. Nous allons suivre leur raisonnement dans le cadre de notre modèle. Le premier principe exprime la conservation de l'énergie. Notons ε_m et ξ_i les densités massiques d'énergie, respectivement, pour la matrice et l'interface. Le taux de variation temporelle de l'énergie totale contenue dans le volume de contrôle s'écrit $\partial_t((1-\phi)\rho_m\varepsilon_m + \xi_i\alpha)$. Ce taux équilibre différents phénomènes :

- la production d'énergie interne par unité de volume, Q ;
- le transfert d'énergie à travers la surface délimitant le volume de contrôle, $-\boldsymbol{\nabla}\cdot((1-\phi)\rho_m\varepsilon_m\mathbf{v}_m + \xi_i\alpha\mathbf{v}_m + \mathbf{q})$ où $\mathbf{q}$ est le vecteur flux de chaleur et dans la situation telle que l'énergie surfacique est intégralement transportée par la matrice ;
- le travail des forces de surface, $\boldsymbol{\nabla}\cdot(-(1-\phi)\mathbf{v}_m P_m + (1-\phi)\mathbf{v}_m : \underline{\underline{\tau}}_m + \mathbf{v}_m\sigma\alpha)$, dans les mêmes conditions de transport de l'énergie de surface ;
- le travail des forces de volume, $-(1-\phi)\mathbf{v}_m \cdot (\rho_m g\hat{\mathbf{z}})$.

L'équilibre de ces sources d'énergie en utilisant également les différentes équations de conservations décrites plus haut amène au bilan d'énergie suivant,

$$(1-\phi)\rho_m \frac{D_m \varepsilon_m}{Dt} + \frac{D_m \xi_i \alpha}{Dt} + (\xi_i - \sigma)\alpha \boldsymbol{\nabla} \mathbf{v}_m \\ = Q - \boldsymbol{\nabla}\cdot\mathbf{q} - P_m(1-\phi)\boldsymbol{\nabla}\mathbf{v}_m + (1-\phi)\boldsymbol{\nabla}\mathbf{v}_m : \underline{\underline{\tau}}_m. \quad (3.21)$$

Le dernier terme du membre de gauche traduit la création d'énergie surfacique lorsque de nouvelles interfaces sont produites. Une neuvième équation a donc été introduite au prix d'une augmentation du nombre de variable, puisque nous avons introduit les densités ε_m et ξ_i.

Cependant, la matrice étant incompressible, son énergie interne ne peut être modifiée par des changements de pression. Nous considérerons donc que l'énergie interne ne dépend que de l'entropie, donc de la température. Dans ces conditions, l'incrément d'énergie interne de la matrice s'écrit $d\varepsilon_m = c_m dT$.

L'expression de l'énergie d'interface se dérive traditionnellement à partir de la thermodynamique de l'interface. Considérant la définition de la tension superficielle à l'aide de l'expression de l'énergie superficielle,

$$dE_i = TdS_i + \sigma dA_i \quad (3.22)$$

où S_i est l'entropie déposée à l'interface matrice/vide d'aire A_i. L'équation d'Euler (induite par les propriétés des paramètres extensifs lors d'un changement de l'échelle du système, voir Hulin *et al.* 1994) appliquée dans le cadre de cette description s'écrit,

$$E_i = TS_i + \sigma A_i, \quad (3.23)$$

impliquant la relation de Gibbs-Duheim,

$$S_i dT + A_i d\sigma = 0. \tag{3.24}$$

D'où l'on déduit l'entropie, $S_i = -A_i d\sigma/dT$ et l'énergie par unité de surface,

$$\xi_i = \frac{E_i}{A_i} = \sigma - T\frac{d\sigma}{dT}. \tag{3.25}$$

Ainsi, l'équation de conservation de l'énergie n'introduit qu'une seule nouvelle variable : la température de la matrice, T. En utilisant la conservation de la masse pour éliminer le gradient de vitesse devant la pression, elle s'écrit,

$$\begin{aligned}(1-\phi)\rho_m c_m \frac{D_m T}{Dt} - \frac{D_m}{Dt}\left(T\frac{d\sigma}{dT}\alpha\right) - T\frac{d\sigma}{dT}\alpha \boldsymbol{\nabla}\mathbf{v}_m \\ = Q - \boldsymbol{\nabla}\cdot\mathbf{q} + \Psi - P_m\frac{D_m\phi}{Dt} - \frac{D_m(\sigma\alpha)}{Dt},\end{aligned} \tag{3.26}$$

où $\Psi = (1-\phi)\boldsymbol{\nabla}\mathbf{v}_m : \underline{\underline{\tau}}_m$ représente l'énergie dissipée par frottement visqueux. En remarquant que σ ne dépend que de la température T, le dernier terme est la somme de deux termes,

$$\frac{D_m(\sigma\alpha)}{Dt} = \sigma\frac{D_m\alpha}{Dt} + \alpha\frac{d\sigma}{dT}\frac{D_m T}{Dt}. \tag{3.27}$$

Ce dernier terme s'élimine dans le développement du deuxième terme de l'équation de conservation de l'énergie, et,

$$\begin{aligned}(1-\phi)\rho_m c_m \frac{D_m T}{Dt} - T\left[\frac{D_m}{Dt}\left(\alpha\frac{d\sigma}{dT}\right) + \alpha\frac{d\sigma}{dT}\boldsymbol{\nabla}\cdot\mathbf{v}_m\right] \\ = Q - \boldsymbol{\nabla}\cdot\mathbf{q} + \Psi - P_m\frac{D_m\phi}{Dt} - \sigma\frac{D_m(\alpha)}{Dt}.\end{aligned} \tag{3.28}$$

Cette dernière forme de l'équation de l'énergie équilibre l'accroissement de l'entropie (membre de gauche) avec différentes sources potentielles d'entropie. Or certains termes du membre de droite sont clairement réversibles. C'est le cas du terme associé à l'accroissement d'énergie lié au travail de la tension superficielle, $D_m(\sigma\alpha)/Dt$. Il est nécessairement contre-balancé par d'autres sources d'énergie réversible. Suivant les auteurs du modèle BRS nous allons supposer qu'une partie des énergies mécaniques de pression et de viscosité jouent ce rôle.

Pour les forces de pression, cette hypothèse est basée sur le cas statique, à l'équilibre, pour lequel les forces de pression équilibrent complètement la tension de surface (condition de Laplace). Dans le cas hors équilibre, une fraction de la pression de la matrice P_m compense les forces de tension superficielle, tandis qu'une autre partie, P_m^{ir}, émerge des résistances du milieu à la dilatation ou la compaction. Le terme contribuant aux variations d'entropie prend la forme $-P_m^{ir}D_m\phi/Dt$. Le second principe de la thermodynamique stipule qu'il est nécessairement positif quelle que soit la valeur des gradients de porosité. La fraction irréversible de la différence de pression entre les milieux s'exprime nécessairement selon,

$$P_m^{ir} = -B\frac{D_m\phi}{Dt} \tag{3.29}$$

où B est un coefficient positif dont l'expression se déduit d'études micromécaniques (voir l'annexe B de Bercovici et al. 2001a),

$$B = K_o \frac{\mu_f + \mu_m}{\phi(1-\phi)}. \tag{3.30}$$

Il est beaucoup moins évident que la dissipation visqueuse puisse interagir avec des énergies réversibles. En particulier, pour un milieu visqueux mono-phasique, la viscosité n'agit qu'en convertissant un travail mécanique en chaleur. Cependant dans le cas d'un mélange de milieux dont l'interface possède une énergie intrinsèque, la déformation peut déposer de l'énergie à l'interface en modifiant sa superficie totale. Cette énergie est récupérable, et il est clair qu'une partie des déformations interagit dans un processus réversible. Comme l'interface n'est pas proprement définie à l'échelle de cette description, nous allons introduire, suivant les auteurs de BRS un coefficient arbitraire f ($f < 1$), tel qu'une fraction f de Ψ est déposée à l'interface tandis qu'une partie $(1-f)\Psi$ contribue à l'accroissement de l'entropie.

Ces considérations nous permettent d'écrire deux relations pour traduire la conservation de l'énergie,

$$\boxed{\begin{array}{c}(1-\phi)\rho_m c_m \dfrac{D_m T}{Dt} - T\left[\dfrac{D_m}{Dt}\left(\dfrac{d\sigma}{dT}\alpha\right) + \dfrac{d\sigma}{dT}\alpha\boldsymbol{\nabla}\mathbf{v}_m\right] \\ = Q - \boldsymbol{\nabla}\cdot\mathbf{q} + (1-f)\Psi + B\left(\dfrac{D_m\phi}{Dt}\right)^2,\end{array}} \tag{3.31}$$

$$\boxed{\sigma\frac{D_m\alpha}{Dt} = -P_m\frac{D_m\phi}{Dt} - B\left(\frac{D_m\phi}{Dt}\right)^2 + f\Psi.} \tag{3.32}$$

La première relation traduit l'accroissement de la partie irréversible de l'énergie, l'entropie, tandis que la seconde relation, l'équation d'endommagement, traduit la conservation de la partie réversible de l'énergie.

Trois cas particuliers permettent de souligner l'aspect physique de cette dernière équation. Envisageons tout d'abord le cas de quasi équilibre pour lequel les variations de porosité sont proche de zéro. En remarquant que la densité de surface, α n'est fonction uniquement que de ϕ,l'équation d'endommagement s'écrit au premier ordre,

$$\sigma\frac{d\alpha}{d\phi} = -P_m. \tag{3.33}$$

Cette dernière équation est analogue à la condition d'équilibre de Laplace pour les interfaces entre deux milieux. Notons que dans ce cas, cette relation exprime l'équilibre entre la pression différentielle de chaque coté de l'interface et la tension de surface, ce qui assure la cohésion de l'interface. Dans notre problématique, c'est la pression P_m qui agit contre les forces de surface qui tendent à refermer tous les pores. Ainsi, il apparaît que la matrice poreuse est à l'équilibre lorsque la pression est négative (le terme de dérivée $d\alpha/d\phi$ est positif lorsque $\phi < 0.5$, c'est à dire lorsque l'on considère que la matrice remplit plus d'espace que les pores). Cela traduit simplement le fait que si la matrice n'est pas maintenue en extension (sous pression négative), les pores se bouchent naturellement du fait de la tension de surface.

Lorsque la matrice est faiblement déséquilibrée et que les mouvements sont suffisamment lents pour que la dissipation visqueuse soit négligeable, l'équation d'endommagement se réduit à

$$\sigma \frac{d\alpha}{d\phi} + P_m = -B\left(\frac{D_m \phi}{Dt}\right) \qquad (3.34)$$

La création de pores est donc proportionnelle à l'écart entre la pression et les effets de surface. Si la pression (comptée négativement) est trop faible, cet écart est positif et la dérivée temporelle de la porosité est négative : les pores se bouchent. Dans le cas contraire, cette dernière dérivée est positive et des pores sont créés.

Dans le cas d'un fort déséquilibre où la dissipation visqueuse est prépondérante, l'équation d'endommagement exprime la proportionnalité entre la création des pores et la dissipation visqueuse,

$$B\left(\frac{D_m \phi}{Dt}\right) = f\Psi. \qquad (3.35)$$

Ainsi de fortes contraintes tendent à ouvrir les pores, l'énergie visqueuse est potentiellement stockable à l'interface entre la matrice et le vide. Dans les études numériques qui suivent, nous verrons des applications de ces différentes considérations.

Le système est maintenant complet, composé de 6 inconnues et 6 équations. Afin de simplifier la résolution de ce système, et pour comparer les résultats obtenus dans de telles conditions aux résultats obtenus dans l'article Bercovici *et al.* (2001b), nous proposons une résolution à 1 dimension. Cette dernière a fait l'objet d'un article que nous reproduisons dans la section suivante.

Submitted to J. Geophys. Res.

The Void-Matrix variation of a two-phase damage theory

Yanick Ricard, Cédric Lémery
Laboratoire de Sciences de la Terre, Ecole Normale Supérieure de Lyon, Lyon, France

David Bercovici
Department of Geology and Geophysics, Yale University, New Haven, Connecticut

1. Introduction

Understanding how plates are spontaneously generated and how they interact with the mantle convection is a major challenge of mantle modelers (Bercovici et al., 2000). We know that some of the necessary ingreedients of the plate rheology are a strain-rate weakening (Bercovici, 1993), a temperature dependence (Moresi and Solomatov, 1998), a memory and a long term healing capacity (Gurnis et al. , 2000). For analytical and computational facilities it would also be nice to work with a rheology that evolves continuously with depth rather than introducing discontinuities between the lithosphere and the mantle.

In a series of papers (Bercovici et al. , 2001a, 2001b; Ricard et al. , 2001a) that we will refer to as BRS1, BRS2 and RBS, it has been shown that there is a fruitful analogy between damage theory and two-phase flows. The creation of cracks and void involves the deposition of surface energy in a way very similar to the interactions of two immiscibles phases. In BRS1, the analogy was developed using two incompressible fluids. In this paper we will show that the theory can be further simplified when the less viscous phase is simply identified with void, i.e. with an inviscid fluid without density. We will show that the properties of a two-phase fluid made of an incompressible viscous matrix containing empty pores (cracks, voids) has the properties of strain-rate dependance, memory and long term healing. It would also have a temperature dependence if the rheology of the pure matrix is itself temperature dependent (not considered here). When the porosity tends to zero the rheology of the porous viscous fluid becomes that of the pure Newtonian matrix.

2. Basic theory

We define a matrix with density ρ_m and viscosity μ_m, both being constant. The pure matrix obeys the usual incompressible Navier Stokes equations with true, microscopic velocities. A mixture of matrix and voids contains a small quantity of voids which have a volume fraction ϕ. This porosity is the fraction of pure void in a given volume of mixture, δV. Like in all continuous models of porous flow, we admit that δV is larger that the volume of pores but small enough with respect to some large scale phenomenon that we want to describe. With respect to this scale, the porosity ϕ will be therefore considered as a continuous, well behaved mathematical function (e.g. Drew, 1971). A continuous description of the mixture can then be obtained by averaging the microscopic properties over the test volume δV. The macroscopic averages of the matrix true velocities, pressure and stresses over the complex topology of the pure matrix phase will be labelled $\mathbf{v}_m$, P_m and $\underline{\underline{\tau}}_m$.

The procedures to average the equations of mass, momentum and energy conservations in a mixture of matrix and void are by many aspects similar to those needed for a mixture of two fluids (see BRS1). They will not be repeated here in details, we will simply emphasize the differences due to replacing a fluid of low viscosity by voids. The major ones are of course that there are no mass of momentum conservation for the voids.

Mass

The equation of matrix conservation writes

$$\frac{\partial(1-\phi)}{\partial t} + \boldsymbol{\nabla} \cdot [(1-\phi)\mathbf{v}_m] = 0. \tag{1}$$

This equation can be interpreted in terms of porosity advection and creation with

$$\frac{D_m \phi}{Dt} = \Gamma, \tag{2}$$

defining the Lagrangien derivative

$$\frac{D_m}{Dt} = \frac{\partial}{\partial t} + \mathbf{v}_m \cdot \boldsymbol{\nabla}, \tag{3}$$

and the rate of void production in the mixture.

$$\Gamma = (1-\phi)\boldsymbol{\nabla} \cdot \mathbf{v}_m. \tag{4}$$

(the rate of void production in the matrix is $\boldsymbol{\nabla} \cdot \mathbf{v}_m$. Similarly the mixture velocity is $(1-\phi)\mathbf{v}_m$ while the matrix velocity is simply $\mathbf{v}_m$).

Momentum

The matrix force balance is identical to the total force balance equation (see eqn (76) of BRS1)

$$0 = -\boldsymbol{\nabla}[(1-\phi)P_m] + \boldsymbol{\nabla} \cdot [(1-\phi)\underline{\underline{\tau}}_m] - (1-\phi)\rho_m g\hat{\mathbf{z}} + \boldsymbol{\nabla}(\sigma\alpha) \tag{5}$$

The last term of this equation introduces σ, the surface tension and α, the amount of surface interface by unit mixture volume. It shows that a gradient in porosity is associated with a gradient in surface tension that enters the momentum equation like an extra volumic force (just like the gradients of pressure or of viscous stresses).

This force balance is not identical to that derived in BRS1 (eqn (73)) for a two phase flow. In the case where the voids are filled with a fluid, some shear stresses can be transmitted through interfaces and modeled by a Darcy interaction term, and the surface tension gradient is also partionned between the two phases.

Like in BRS1, matrix stress are simply given by

$$\underline{\underline{\tau}}_m = \mu_m \left(\boldsymbol{\nabla}\mathbf{v}_m + [\boldsymbol{\nabla}\mathbf{v}_m]^t - \frac{2}{3}(\boldsymbol{\nabla}\cdot\mathbf{v}_m)\underline{\underline{I}} \right), \tag{6}$$

i.e., although the macroscopic matrix flow looks compressible, no bulk viscosity enters the rheological equation relating macroscopic stresses ands velocities.

Energy

Similarly to what has been found in BRS1 (eqn (78) and (79)) but assuming that interfacial energy is transported only with the matrix, we arrive at the entropy equation:

$$(1-\phi)\rho_m c_m \frac{D_m T}{Dt} - \frac{D_m}{Dt}\left(T\alpha\frac{d\sigma}{dT}\right) + T\alpha\frac{d\sigma}{dT}\boldsymbol{\nabla}\cdot\mathbf{v}_m = \\ Q - \boldsymbol{\nabla}\cdot\mathbf{q} + (1-f)\Psi + B\left(\frac{D_m\phi}{Dt}\right)^2. \tag{7}$$

The term $\alpha\frac{d\sigma}{dT}$ represents the entropy deposited on the interfaces. The quantity $\alpha\frac{d\sigma}{dT}\boldsymbol{\nabla}\cdot\mathbf{v}_m$ is like an adiabatic cooling term (i.e., dilating the mixture and increasing the interface area while holding constant the interface entropy induces an effective loss of interface entropy per unit area to compensate). The term Ψ represents the deformational work that ends in irrecoverable dissipation

$$\Psi = (1-\phi)\nabla\mathbf{v}_m : \underline{\underline{\tau}}_m. \tag{8}$$

Changing the porosity introduces another positive entropy source $B\left(D_m\phi/Dt\right)^2$.

However, in a two phase flow it has been argued in BRS1 that only a quantity 1-f of the deformational work ($0 \le f \le 1$) is transformed into heat production. A proportion f goes rather into making new interfaces. This leads to the damage equation

$$\left(P_m + \sigma\frac{d\alpha}{d\phi}\right)\frac{D_m\phi}{Dt} = -B\left(\frac{D_m\phi}{Dt}\right)^2 + f\Psi \tag{9}$$

This equation is the macroscopic equivalent of the microscopic boundary conditions at the surfaces of the convoluted matrix-void interfaces. In BRS, it is shown that in the case of spherical empty bubbles of radius R, the term $\frac{D_m\alpha}{Dt}$ is simply $2/R$, the quantity entering the classical Laplace condition. Therefore near equilibrium the right hand side of (9) is zero and the Laplace condition is obtained. At low energy input (i.e. $\Psi = 0$) the departure from the Laplace condition is proportionnal to the rate of crack formation. A high energy input (i.e. $\Psi \ne 0$) can favor the formation of new cracks.

Damage equation

It is also shown in BRS1 that the coefficient B has the form

$$B = \frac{K_0\mu_m}{\phi(1-\phi)}, \tag{10}$$

where the coefficient K_0 can be computed analytically for pores of simple topology (spheres, cylinders...) and is always close to 1. The partitioning coefficient is shown in BRS2 to evolve with $\frac{D_m\phi}{Dt}$ and a physically reasonable form can be

$$f = \frac{f^*\left(\frac{D_m\phi}{Dt}\right)^2}{\gamma + \left(\frac{D_m\phi}{Dt}\right)^2}. \tag{11}$$

To solve equations (1), (5), (6), and (9), a last empirical relationship relating the interfacial volumic area α to the porosity ϕ is needed. As discussed in BRS1 (see also Ni and Beckerman, 1991), a relation on the form

$$\alpha = \alpha_0\phi^a(1-\phi)^b \tag{12}$$

where a and b both positive and smaller than 1 is appropriate. This relation insures that the interfacial area goes to zero when the porosity is either 0 (pure matrix) or 1 (pure void).

The equations (11) and (12) allows us to simplify the damage equations that becomes

$$P_m = -\sigma\frac{d\alpha}{d\phi} + \frac{f^*\left(\frac{D_m\phi}{Dt}\right)}{\gamma + \left(\frac{D_m\phi}{Dt}\right)^2}\Psi - B\frac{D_m\phi}{Dt}, \tag{13}$$

or in terms of Γ

$$P_m = -\sigma\frac{d\alpha}{d\phi} + f^*\frac{\Gamma}{\gamma+\Gamma^2}\Psi - \frac{K_0\mu_m}{\phi(1-\phi)}\Gamma. \tag{14}$$

3. The 1-D formulation

To illustrate the rheological properties of a mixture made of matrix an void we will consider the behaviour of a simple 2D model in the absence of gravity. Our model layer is infinitely long in the x

direction and is $2L$ wide, going from $y = -L$ to $+L$. Inside this layer all variables depend only on y and time t and the velocity is
$$\mathbf{v}_m = u(y,t)\hat{\mathbf{x}} + w(y,t)\hat{\mathbf{y}}. \quad (15)$$
On the top and bottom boundaries at $y = \pm L$, a shear stress Ω is imposed. On these boundaries we also impose a constant normal stress Σ. Therefore the velocity in the y-direction, $w(\pm L, t)$ is not necessary 0. When it is different from zero, the width of the layer, $2L$ is time-dependent.

The x component of the force equation (5) becomes
$$0 = \mu_m \frac{\partial}{\partial y}\left[(1-\phi)\frac{\partial u}{\partial y}\right]. \quad (16)$$
This indicates that the shear stress across the matrix, Ω, which is defined as
$$\Omega = \mu_m(1-\phi)\frac{\partial u}{\partial y} \quad (17)$$
is a constant everywhere. The force balance in the y direction is
$$0 = -\frac{\partial(1-\phi)P_m}{\partial y} + \frac{4}{3}\mu_m\frac{\partial \Gamma}{\partial y} + \frac{\partial \sigma \alpha}{\partial y} \quad (18)$$
which can be readily integrated as
$$P_m = \frac{1}{(1-\phi)}\left(\frac{4}{3}\mu_m\Gamma + \sigma\alpha - \Sigma\right). \quad (19)$$
This equation indicates that the force normal to the interfaces at $y = \pm L$ balances the pressure, the viscous stresses due to opening or closing cracks and the surface tension.

Using the damage equation (14) we get
$$\sigma\left(\alpha + (1-\phi)\frac{d\alpha}{d\phi}\right) + \mu_m\Gamma\left(\frac{K_0}{\phi} + \frac{4}{3} - f^*\frac{\Omega^2/\mu_m^2 + \frac{4}{3}\Gamma^2}{\gamma + \Gamma^2}\right) = \Sigma. \quad (20)$$
We can nondimensionalize using new variables:
$$\alpha = \alpha_0 \tilde{\alpha} \quad (21)$$
$$(\Omega, \Sigma) = \sigma\alpha_o(\tilde{\Omega}, \tilde{\Sigma}) \quad (22)$$
$$(\Gamma, \sqrt{\gamma}) = \frac{\sigma\alpha_o}{\mu_m}(\tilde{\Gamma}, \sqrt{\tilde{\gamma}}) \quad (23)$$
and the damage equation can be reorganized as
$$\Gamma\left(\frac{K_0}{\phi} + \frac{4}{3} - f^*\frac{\Omega^2 + \frac{4}{3}\Gamma^2}{\gamma + \Gamma^2}\right) = \Sigma - \left(\alpha + (1-\phi)\frac{d\alpha}{d\phi}\right), \quad (24)$$
where the tildes on the dimensionless quantities have been dropped for simplicity. This equation relates the rate of crack formation, Γ to the shear and normal stresses, Ω and Σ imposed to the medium. When Γ is known (and therefore w which is its primitive), the porosity changes can be computed from the mass conservation equation, (2)
$$\frac{\partial \phi}{\partial t} + w\frac{\partial \phi}{\partial y} = \Gamma. \quad (25)$$

More on the damage equation As the damage equation is a third degree polynomial equation in Γ, it can have up to three real roots. However, from entropy considerations, we will now prove that there is only one possible root. From (7), we know that the quantity labelled symbolically $T\dot{s}$ where

$$T\dot{s} = (1-f)\Psi + \frac{K_0 \mu_m}{\phi(1-\phi)}\left(\frac{D_m \phi}{Dt}\right)^2, \qquad (26)$$

is an entropy source. In the 1D case, using the damage equation (24) to substitute K_0/ϕ, one can show after some algebra that

$$T\dot{s} = \frac{\Omega^2}{(1-\phi)} + \frac{\Gamma}{(1-\phi)}\left(\Sigma - \left(\alpha + (1-\phi)\frac{d\alpha}{d\phi}\right)\right). \qquad (27)$$

In this expression, the first entropy source is the term that would have been present in the absence of damage. The second entropy term must be positive according to the second principle of thermodynamic. This implies that the appropriate Γ has the sign of the right hand member of (24).

In the case of a vanishing porosity, the leading term of the left-hand member is $\Gamma K_0/\phi$ whereas the right-hand side is of order $-a\phi^{a-1}$. In this case the damage equation (24) becomes

$$\Gamma \simeq -\frac{a\phi^a}{K_0}. \qquad (28)$$

This indicates that whatever Σ and Ω are, there is always a porosity below which the surface tension closes the pores.

The term $(\alpha + (1-\phi)(d\alpha/d\phi))$ varies from $+\infty$ at $\phi = 0$ to 0 at $\phi = 1$. Its derivative is $(1-\phi)d^2\alpha/d\phi^2$ and has a constant negative sign (see RBS). Therefore the right hand side of (24) can only change sign if $\Sigma > 0$, i.e. if a normal extensive stress is imposed on the shear band. Let us call ϕ_Σ the porosity at which the surface tension that tends to close the pores balance the extensive stress Σ. A larger extensive stress opens news cracks (damage regime), a less extensive, or even more a compressive one, closes the voids (healing regime).

For $\phi = \phi_\Sigma$ either $\Gamma = 0$ or

$$\left(\frac{K_0}{\phi_\Sigma} + \frac{4}{3} - f^*\frac{\Omega^2 + \frac{4}{3}\Gamma^2}{\gamma + \Gamma^2}\right) = 0. \qquad (29)$$

This is only possible when

$$\Gamma^2(\frac{K_0}{\phi_\Sigma} + \frac{4}{3}(1-f^*)) = f^*\frac{\Omega^2}{\gamma} - \frac{K_0}{\phi_\Sigma} - \frac{4}{3}, \qquad (30)$$

which means that the right hand side of this equation must be positive. For $\phi = \phi_\Sigma$ the rate of void production Γ can thus be non zero only when the stress Ω exceeds a critical stress Ω_Σ where

$$\Omega_\Sigma^2 = \frac{\gamma}{f^*}(\frac{K_0}{\phi_\Sigma} + \frac{4}{3}). \qquad (31)$$

We can now summarize the various possible situations for the evolution of the Γ has a function of ϕ.

1. Under compression:

    $\Gamma = 0$ can never be a solution as the right hand member cannot cancel. As Γ is negative at small ϕ, Γ is negative for all ϕ. The $\Gamma(\phi)$ is plotted in Figure 1a

2. Under extension with $\Omega < \Omega_\Sigma$:

    $\Gamma = 0$ is one of the solution of (24) when $\phi = \phi_\Sigma$. It is the only possible solution at this porosity as $\Omega < \Omega_\Sigma$. For $\phi < \phi_\Sigma$, the porosity decreases, at $\phi > \phi_\Sigma$, damage starts and the two other solutions that may exist in this porosity range are negative and do not correspond to entropy sources (see Figure 1b)

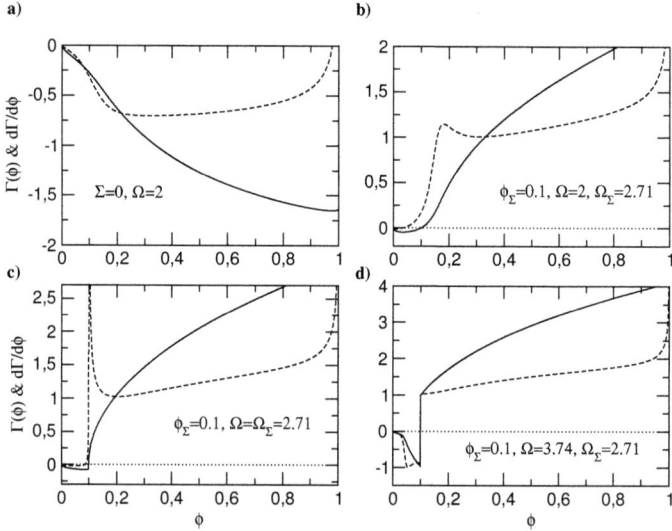

Figure 1: Solution of the damage equation as a function of ϕ (black line) and its derivative (dotted line) in various conditions with $K_0 = 4/3$, $f^* = 1/2$, $\gamma = 1$, $a = b = 1/2$.

3. Under extension with $\Omega = \Omega_\Sigma$:

    The solution $\Gamma = 0$ is a triple solution at $\phi = \phi_\Sigma$ and $\Gamma(\phi)$ has an infinite derivative. At $\phi > \phi_\Sigma$, damage starts and there are two other solutions that do not correspond to entropy sources (see Figure 1c).

4. Under extension with $\Omega > \Omega_\Sigma$:

    At $\phi = \phi_\Sigma$, there are 3 solutions of (24), one is 0, the other two are opposite. Therefore, the solution Γ must jump discontinuously from a negative to a positive value (see Figure 1d).

Evolution of a uniform porosity   A few analytical solutions can be derive for a domain of uniform porosity. In the case $\Omega = 0$ or $\phi_\Omega = +\infty$ (no shear) and at low porosity (so that $K_0\Gamma/\phi$ is the leading term in the left hand side of (24), the solution of the damage equation is simply

$$\phi^{(1-a)} = \phi_0^{(1-a)} \exp(\frac{\Sigma(1-a)t}{K_0}) + \frac{a}{\Sigma}(\exp(\frac{\Sigma(1-a)t}{K_0}) - 1) \qquad (32)$$

In the case where $\Sigma = 0$, the pores collapse which means that the mixture is spontaneously healing in a time τ

$$\tau = \frac{K_0\mu_m}{\sigma\alpha_0} \frac{1}{a(1-a)} \phi^{1-a} \qquad (33)$$

We can perform a numerical estimates by choosing a viscosity appropriate for a lithospheric silicate $\mu_m = 10^{25}$ Pa s (Watts et al., 1982), a value for $\sigma\alpha_0$ representative of microcracking, $\sigma\alpha_0 = 10^8$ J m^{-3} = 1 kbar (Kohlstedt *et al.*., 1995) and $a = b = 1/2$.

Figure 2 depicts the evolution of the porosity according to (32) (valid when $\phi \ll 1$) as a function of time. The time have been non-dimensionalized by $\mu_m/\sigma\alpha_0 = 3$ Gyrs. A stress-free lithosphere containing a 1% porosity heals after 1.2 Gyrs. This suggests that the free healing of the lithosphere due to only surface tension is very slow even when compared with the geological time scale of plate

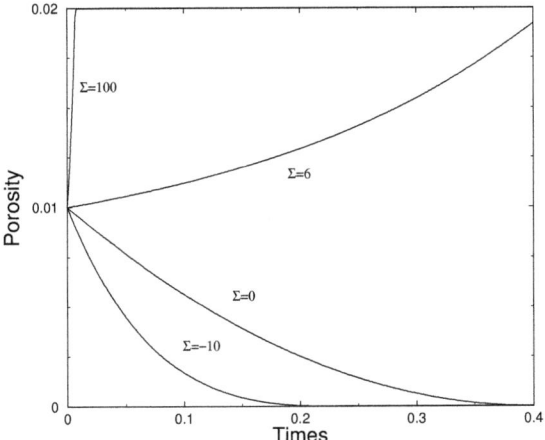

Figure 2: Evolution of the porosity under normal stresses. Times are normalized by 1.2 Gyrs.

tectonics, say a few 100 Myrs. Under compressive stress $\Sigma \leq 0$, the healing is somewhat faster but not so much: at low porosity, the surface tension terms become always dominant. Under extensional stresses corresponding to $\Sigma = 100$ kbars, the uniform destruction of the mixture occurs after a few tenths of myrs only.

In the high shear stress regime, when Ω becomes infinity, the right hand side of (24) must cancel. This implies that

$$\Gamma \simeq \sqrt{\frac{f^*\phi}{K_0}} \operatorname{sign}\left(\Sigma - a\phi^{a-1}\right)\Omega. \tag{34}$$

Localisation When the porosity is variable in the shear band we can at first order write

$$\phi = \phi_0(t) + \epsilon\phi_1(y,t)$$
$$\Gamma = \Gamma_0(t) + \epsilon\Gamma_1(y,t) \tag{35}$$

where the background porosity evolution is given by

$$\frac{\partial \phi_0}{\partial t} = \Gamma_0 \tag{36}$$

and where localization is given by

$$\frac{D_m \phi_1}{Dt} = \Gamma_1 \tag{37}$$

where the $\frac{D_m}{Dt}$ operator is linearized, i.e. $\frac{D_m}{Dt} = \frac{\partial}{\partial t} + w_0 \frac{\partial}{\partial y}$.

At order 0, Γ_0 is given by the damage equation when ϕ is replaced by ϕ_0 in (24). The various behavior have already been discussed.

Equation (24) implies that $\Gamma = \Gamma(\phi)$, and thus $\Gamma_0 = \Gamma(\phi_0)$, $\Gamma_1 = \Gamma'(\phi_0)\phi_1$ and the growth rate is essentially

$$\frac{1}{\phi_1} \frac{D_m \phi_1}{Dt} = \Gamma'(\phi_0). \tag{38}$$

where
$$\Gamma'(\phi_0) = \frac{(G_0 + K_0(1-\phi_0)\Gamma_0)/[\phi_0(1-\phi_0)]}{K_0 + 4\phi_0/3 - \frac{f\cdot\phi_0}{(\gamma+\Gamma_0^2)^2}\left[\Omega^2(\gamma-\Gamma_0^2) + \frac{4}{3}\Gamma_0^2(3\gamma+\Gamma_0^2)\right]} \quad (39)$$

where $G_0 = -\phi_0^2(1-\phi_0)^2\alpha''(\phi_0) > 0$

To capture the dynamic of the instabilities, it may be interresting to calculate

$$\frac{D_m \frac{\phi_1}{\phi_0}}{Dt} = \frac{\phi_1}{\phi_0^2}\left(\phi_0\Gamma'(\phi_0) - \Gamma(\phi_0)\right) \quad (40)$$

which expresses the ratio of the perturbation with respect to the background porosity. The quantity $\phi d\Gamma/d\phi$ is plotted (red dotted lines) on Figures 1a-d.

Numerical resolution

To get the physical meaning of the various solutions described in figures 1a-d, we propose to investigate some typical cases. In all the following simulations, we start from a constant porosity background with a small perturbation. Two boundary conditions are considered : either imposing a normal stress or imposing a normal zero velocity. In both case an additionnal shear stress is also imposed.

Normal stress imposed This is the case where we impose the normal stress Σ. When no shear stress is imposed, $\Omega = 0$, but with a small normal stress -such that $\phi_\Sigma = 0.3$- a unique solution of the damage equation arise. Depending of the initial range of value of the porosity, ϕ, several behavior of the system are possible.

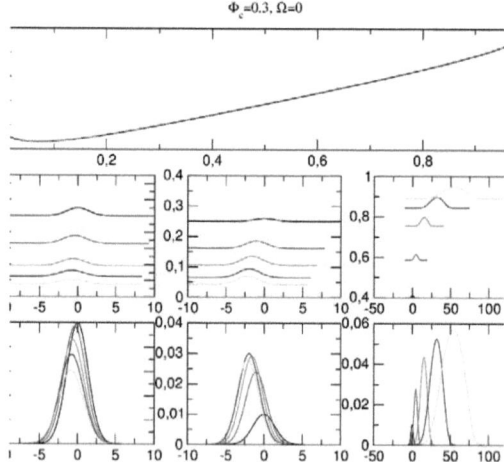

Figure 3: Evolution of the porosity under normal stresses. On top is the solution of the damage equation against ϕ. Below are three different cases as described in the text. On top is depicted the porosity, at bottom, the perturbation, i.e. the porosity without the constant porosity background. The inital porosity is black evolving to yellow.

- When the initial porosity ϕ is wherever smaller than 0.075, $\Gamma(\phi)$ and its derivative are negative. Hence, both the average porosity and its perturbation tend to zero as depicted in figure

3 (healing case). This is the case when there's few pores in the matrix and the normal stress imposed is not strong enough to open other pores.

- When ϕ is greater than 0.075 but smaller than 0.3, the constant porosity background tends to zero but, as $\Gamma'(\phi)$ is positive, the perturbation is growing (healing background but localisation). The normal stress is still too low to compensate the closure of the pores but it has an effect on the small initial disturbance. In this case and the previous one, as the normal stress is lower than that required to compensate the all surface tension effect, the matrix is globally compacting.

- When both the perturbation and the background are greater than 0.3, $\Gamma(\phi)$ is positive as its derivative. The porosity increase. This situation occurs when the normal stress compensate the surface tension and open new pores. The all system is globally expanding (damage).

When a shear stress is imposed, various behavior arise, depending of the value of this shear stress compared to the critical one Ω_Σ.

- Imposing a shear stress lower than Ω_Σ does not change the behavior describe above as the solution of the damage equation is qualitativly the same. When the shear stress is exactly equal to the critical one, $\Omega = \Omega_\Sigma$, a singular point arises in the solution of the damage equation at $\phi = \phi_\Sigma$ (see figure 4, on top). If the initial range of the porosity is on one side of the singularity the medium is either compacting or either expanding. Starting from a background porosity lower than this singular point and a perturbation greater, a lot of points are submitted to a positive growth, and there's an all region where porosity grows. In this process, there's a region where the pores are numerous enough to make the surface tension unable to resist to the normal stress. The system is expanding more and more. This situation is analogous to the tearing of the all medium. The shear stress activate the localisation of the porosity.

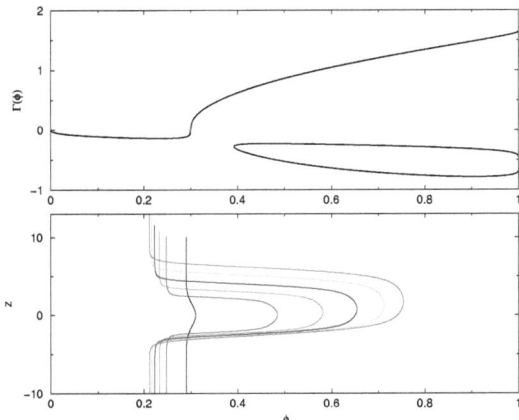

Figure 4: Evolution of the porosity under normal stress with a critical Shear stress. Above are the three solutions of the damage equation. The system stays on the fork that goes continuously to zero. Below is the evolution of the porosity. The initial distribution corresponds to the black line, evolving to the brown line.

- The last behavior is when we impose a shear stress greater than the critical one. A discontinuity arise in the solution of the damage equation. As the last case described, there's an entire region of growing porosity in the medium (see figure 5). In this case, the background porosity decrease faster and the perturbation growths faster than in the previous case. Hence, all the medium is less expanded, the tearing is less efficient on the background porosity but the localisation is enhanced by the shear stress.

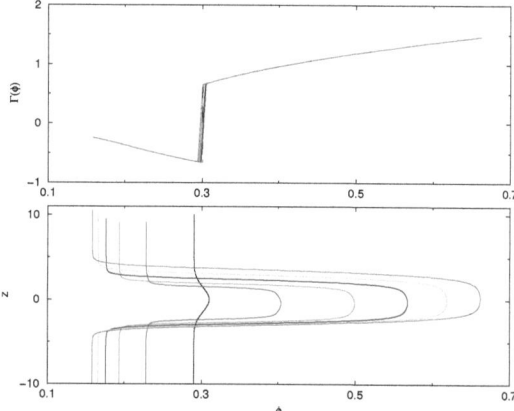

Figure 5: Evolution of the porosity under normal stresses and a shear stress greater than its critical value. Above, is the solution of the damage equation chosen by the system according to the entropic consideration. Below is the evolution of the porosity, evolving from the black line to the brown one.

Fixed boundaries Imposing some fixed boundaries at both side of the medium requires that the normal stress accomodates the surface tension effect in order to cancel the global variation of volume of the system. This means that in some part of the medium the void collapse while in other part, they grow. During the evolution, the distribution of voids in the matrix is always changing and then so do the surface tension and by extension the normal stress required to compensate the collapse of the pores. Various behaviors arise depending on the value of the shear stress.

- When no shear stress are imposed, the background porosity decrease. The normal stress needed to compensate the surface tension effect is also decreasing as surface tension cancels when voids collapse. The perturbation is slowly growing and the voids are simply re-arranging, merging in a unique localized band. This can be seen in the simple case of a constant porosity perturbated by a gaussian shape (see figure 6), and remains true in the more complicated case of an initial random pertubation (figure 9 -left)

- When a slight shear stress is imposed, the evolution start as in the previous case. When the normal stress is so low that the shear stress become critical, the tearing effect accelerates the process and the background porosity quickly reaches zero while the perturbation increases suddenly (see figure 7). This is analogous to tearing; when the medium is heterogenous enough, it breaks apart, some fault appearing in the medium. This effect remains in the case of an initial random perturbation of the DC as it can be seen on the figure 9-middle.

- When the shear stress is high engough to break apart the medium, voids increase in an entire region of the medium while in all the other part, any voids collapse (see figure 8). As can be seen in the random initial condition, any initial perturbation tends to grow, breaking the medium in several small pieces.

Despite the various case describe, some general features arise from this study. The value of the normal stress controls the variation of the number of pores. When the normal stress is too low to

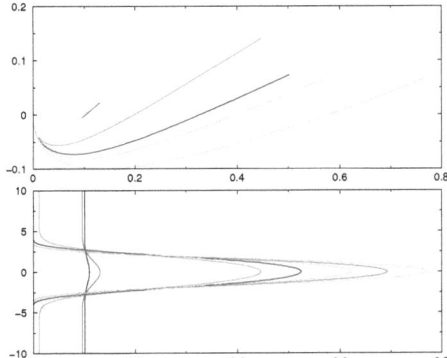

Figure 6: Evolution of the porosity with fixed boundary. Above is the solution of the damage equation, evolving in time due to the evolution of the normal stress. Below is the evolution of the porosity.

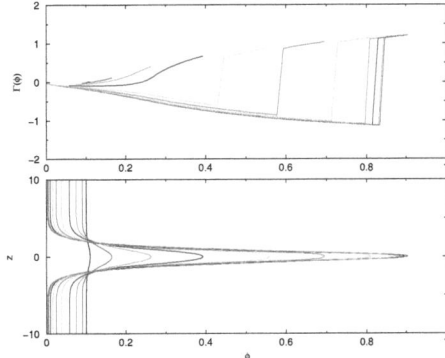

Figure 7: Evolution of the porosity with fixed boundary and with a slight shear stress. The solution of the damage equation (above) is growing until it reaches the critical point where the shear stress is strong enough to produce a discontinuity of the solution. The porosity (below) become sharper when the effect of shearing are strong enough.

compensate the surface tension effect, the pores collapse. On the contrary, a high normal stress open new pores. The effect of the shear stress is to enhance the effect of the normal stress. The more the matrix is submitted to a high stress, the more the localisation is efficient.

4. conclusion

The matrix-void interaction simplification of the two-phase flows allows the entire study of the 1D case. It suggest that in this case, the shear stress always increase the localisation process. This model provide a good frame for the description of damage in porous media. The question still remaining is the behavior of the same system in the 2D case. The observation we have done in the 1D case suggests that in the 2D case, the damage would localize in some sharp region, leaving large space for undamaged matrix. This result should be a good description of the process that occur in the fault

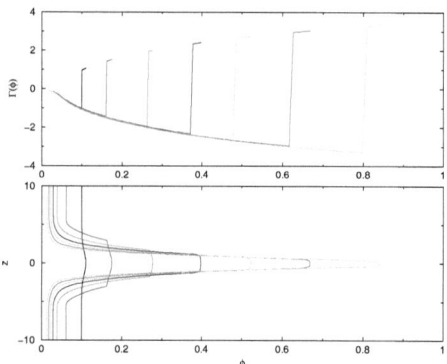

Figure 8: Evolution of the porosity with fixed boundary and with a strong shear stress. The solution of the damage equation (above) always have a discontinuity point so that the porosity (below) increases in an entire region of the medium.

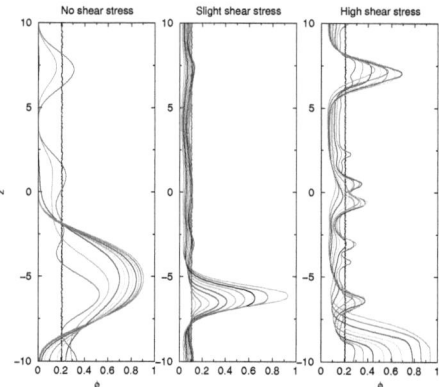

Figure 9: The random initial conditions are plugged in the three case describe previously. With no shear stress (left), a bubble is growing in the medium simply because of the surface tension effect. The shear stress produce a sharper profile of this bubble (middle). When this shear stress is strong enough, the entire matrix breaks into parts(right.

generation in the crust. It may also provide an heuristic model for re-activation process as we have seen that the stress localizes in sharp region where the porosity was already bigger than everywhere else. This model furnishes a good framework for damage study and open some fruitfull domain of investigation.

3.3 Discussion et comparaison avec le modèle d'écoulement bi-phasique

Le modèle décrivant la dynamique d'une matrice poreuse est une limite asymptotique au modèle de dynamique bi-phasique développé par Bercovici *et al.* (2001a). En effet, la dynamique d'une matrice poreuse est identique à celle d'un mélange bi-phasique dans lequel l'un des fluides est du vide, de densité, pression et viscosité nulle. Afin de vérifier l'accord entre les deux modélisations, nous allons reprendre les équations de la matrice proposées par Bercovici *et al.* (2001a) en faisant tendre les paramètres du fluide vers zéro. La conservation de la masse de la matrice s'écrit,

$$\frac{\partial(1-\phi)}{\partial t} + \boldsymbol{\nabla} \cdot [(1-\phi)\mathbf{v}_m] = 0, \quad (3.36)$$

ce qui est une formulation identique à celle que nous avons écrite (équation (3.14)).

Concernant l'équation de conservation de la quantité de mouvement de la matrice dans le cadre des écoulements bi-phasiques, elle s'écrit,

$$-(1-\phi)\left[\boldsymbol{\nabla} P_m + \rho_m g \hat{\mathbf{z}}\right] + \boldsymbol{\nabla} \cdot [(1-\phi)\underline{\underline{\tau}}_m] - c\Delta \mathbf{v} + (1-\phi)\left[\Delta P \boldsymbol{\nabla}\phi + \boldsymbol{\nabla}(\sigma\alpha)\right] = 0. \quad (3.37)$$

Lorsque P_f et Δv tendent vers zéro, cette équation se réécrit,

$$-(1-\phi)\left[\boldsymbol{\nabla} P_m + \rho_m g \hat{\mathbf{z}}\right] + \boldsymbol{\nabla} \cdot [(1-\phi)\underline{\underline{\tau}}_m] + (1-\phi)\left[P_m \boldsymbol{\nabla}\phi + \boldsymbol{\nabla}(\sigma\alpha)\right] = 0. \quad (3.38)$$

Cette équation est à comparer à celle que nous avons démontrée,

$$-\boldsymbol{\nabla}[(1-\phi)P_m] + \boldsymbol{\nabla} \cdot [(1-\phi)\underline{\underline{\tau}}_m] - \rho_m(1-\phi)g\hat{\mathbf{z}} + \boldsymbol{\nabla}(\sigma\alpha) = 0. \quad (3.39)$$

Deux différences majeures entre les deux descriptions émergent. Le terme de pression n'a pas le même facteur et l'influence des effets de surface est diminuée d'un facteur $1 - \phi$ dans la limite matrice-vide du modèle bi-phasique par rapport à la description obtenue in extenso pour les matrices poreuses.

Avant de discuter les raisons de ces différences, nous allons achever la comparaison des deux modèles par l'analyse des équations de conservation de l'énergie et d'endommagement. Ces dernières s'écrivent très généralement dans le cadre des écoulement bi-phasiques,

$$\overline{\rho c}\frac{\overline{D}T}{Dt} - \frac{\overline{D}}{Dt}\left(T\alpha\frac{d\sigma}{dT}\right) = Q - \boldsymbol{\nabla} \cdot \mathbf{q} + B\left(\frac{\overline{D}\phi}{Dt}\right)^2 + (1-f)\Psi \quad (3.40)$$

$$\sigma\frac{\overline{D}\alpha}{Dt} = -\Delta P\frac{\overline{D}\phi}{Dt} + f\Psi - B\left(\frac{\overline{D}\phi}{Dt}\right)^2. \quad (3.41)$$

où les différents paramètres et opérateurs sont introduits dans Bercovici *et al.* (2001a). Nous ne réécrirons pas ici leurs expressions, retenons simplement que dans la limite où le fluide est remplacé par le vide, $\overline{\rho c} = (1-\phi)\rho_m c_m$, $\overline{D}/Dt = \tilde{D}/Dt = D_m/Dt$. Ainsi, l'équation de conservation de l'énergie se réécrit,

$$(1-\phi)\rho_m c_m \frac{D_m T}{Dt} - \frac{D_m}{Dt}\left(T\alpha\frac{d\sigma}{dT}\right) = Q - \boldsymbol{\nabla}\cdot\mathbf{q} + B\left(\frac{D_m\phi}{Dt}\right)^2 + (1-f)\Psi \qquad (3.42)$$

où Ψ est identique à la fonction que nous avons introduit. Cette dernière expression est à comparer à

$$(1-\phi)\rho_m c_m \frac{D_m T}{Dt} - \frac{D_m}{Dt}\left(T\frac{d\sigma}{dT}\alpha\right) - T\frac{d\sigma}{dT}\alpha\boldsymbol{\nabla}\mathbf{v}_m$$
$$= Q - \boldsymbol{\nabla}\cdot\mathbf{q} + (1-f)\Psi + B\left(\frac{D_m\phi}{Dt}\right)^2 \qquad (3.43)$$

L'analogie est quasiment parfaite, si ce n'est le terme en facteur de la divergence de la vitesse de la matrice qui semble ne pas exister dans la limite du modèle bi-phasique. Par contre, en substituant $\bar{D}/Dt$ par D_m/Dt, les deux équations d'endommagement sont exactement identique.

La raison de cette différence entre les deux développements réside dans la partition de l'énergie surfacique. Dans la description bi-phasique, les auteurs ont postulé la symétrie entre les deux milieux. Ainsi, ils ont considéré que l'énergie de surface se répartissait de manière égale entre les deux phases, et le fluide récupère une portion ϕ tandis que la matrice récupère une portion $1-\phi$. Dans le cas de la matrice poreuse, toute l'énergie de surface est déposée dans la phase solide. Le passage d'une description à l'autre ne peut plus être continu dans ces conditions. C'est la raison qui a poussé les auteurs de ce modèle à modifier leur approche concernant la partition de cette forme d'énergie. Leur nouvelle approche est décrite dans l'article Bercovici *et al.* (2001c).

Les auteurs de cet article proposent de considérer que l'énergie de surface est principalement transportée par le milieu dont l'énergie d'activation moléculaire est la plus grande. Notons ω le coefficient de partition : le fluide porte ω et la matrice porte $1-\omega$. Nous avons vu que la viscosité est fonction de l'énergie d'activation moléculaire. Ainsi la partition est basée sur la valeur relative de la viscosité de chaque phase. Si les deux milieux possèdent la même énergie d'activation, ou ce qui est équivalent, la même viscosité, l'énergie de surface est équipartionnée et $\omega = \phi$. La forme la plus générale pour ω est

$$\omega = \frac{\phi\mu_f}{\phi\mu_f + (1-\phi)\mu_m} \ . \qquad (3.44)$$

Dans la limite de la matrice poreuse, $\mu_f = 0$ et le facteur ω s'annule. Lorsqu'on réécrit les différentes équations de conservation des écoulements bi-phasiques avec un tel partitionnement de l'énergie surfacique, leur limite lorsque le fluide tend vers les propriétés du vide est bien en accord avec les équations de conservation que nous avons démontrées au début de ce chapitre.

3.4 Conclusions

Le cadre général de l'étude qui vient d'être proposée est celui de la compréhension du comportement rhéologique des matériaux terrestres. Notre étude a permis la modification de la théorie développée dans Bercovici *et al.* (2001a) afin de prendre en compte la dissymétrie au niveau de l'interface entre la matrice et le fluide. Un développement bi-dimensionnel puis tri-dimensionnel de cette théorie reste à mettre en place avant de pouvoir aborder la description des effets de l'eau sur le phénomène convectif terrestre.

Références

BERCOVICI, D., 1993, A simple model of plate generation from mantle flow, *Geophys. J. Int.*, **114**, pp635–650.

BERCOVICI, D., 1995, A source-sink model of the generation of the generation of plate tectonics from non-newtonian mantle flow, *J. Geophys. Res.*, **100**, pp2013–2030.

BERCOVICI, D., 1998, Generation of plate tectonics from lithosphere-mantle flow and void-volatile self-lubrication, *Earth Planet. Sci. Lett.* **154**, pp139–151.

BERCOVICI, D., RICARD, Y. & RICHARDS, M., 2000, The relation between mantle dynamics and plate tectonics : A primer. In *The history and dynamics of Global Plate motion*(Ed. M.A. Richards, R. Gordon & R. Van des Hilst). AGU, Geophysical Monograph 21, pp5–46.

BERCOVICI, D., RICARD, Y. & SCHUBERT, G., 2001a, A two-phase model for compaction and damage, Part 1 : General Theory. *J. Geophys. Res.*, **106**, pp8887-8906.

BERCOVICI, D., RICARD, Y. & SCHUBERT, G., 2001b, A two-phase model for compaction and damage, Part 3 : applications to shear localization and plate boundary formation. *J. Geophys. Res.*, **106**, pp8925-8940.

BERCOVICI, D. & RICARD, Y., 2001c, Energy partitioning and heat generation in a two-phase model of lithopsheric damage and shear localization. Submitted to *J. Geophys. Res.*.

CADEK, O. & RICARD, Y., 1992, Toroidal/poloidal energy partition and global lithospheric rotation during Cenozoic time, *Eartk Planet. Sci. Lett.* **109**, pp621–632.

CADEK, O., RICARD, Y., MARTINEC, Z. & MATYSKA, C., 1993, Comparison between Newtonian and non-Newtonian flow driven by internal loads, *Geophys. J. Int.* **112**, pp103–114.

CHRISTENSEN, U.R. & HARDER, H., 1991, Three-dimensional convection with variable viscosity. *Geophys. J. Int.*, **104**, pp213–226.

DUMOULIN, C., BERCOVICI, D., & WESSEL, P., 1998, A continuous plate-tectonic model using geophysical data to estimate plate margin widths, with a seismicity based example. *Geophys. J. Int.* **133**, pp379–389.

DREW, D.A., 1971, Averaged field equations for two-phase media,, *Studies in Applied Mathematics* **50**, pp133–166.

DREW, D.A. & PASSMAN, S.L., 1999, Theory of Multicomponent Fluids, *Applied Mathematical Science* **135**, Springer-Verlag, New-York.

GURNIS, M., ZHONG, S. & TOTH, J., 2000, On the competing roles of fault reactivation and brittle failure in generation plate plate tectonics from mantle convection. In *The history and dynamics of Global Plate motion*(Ed. M.A. Richards, R. Gordon & R. Van des Hilst). AGU, Geophysical Monograph 21, pp73–94.

HAGER, B. H., & O'CONNELL, R.J., 1978, Subduction zone dips and flow driven by the plates, *Tectonophysics,* **50**, pp111–134.

HULIN, M., HULIN, N. & VEYSSIÉ, M., 1994, Thermodynamique, *Dunod*.

KARATO, S.-I., 1989, Grain growth kinetics in olivine aggregates, *Tectonophysics,* **168**, pp255–273.

KOHLSTEDT, D.L., EVANS, B. & MACKWELL, S.J., 1995, Strength of the lithosphere : Constraints imposed by laboratory experiments, *J. Geophys. Res.* **100**, pp17 587–17 602.

LENARDIC, A. & KAULA, W.M., 1994, Self-lubricated mantle convection : two-dimensional models, *Geophys. Res. Lett.,* **21**, pp1707–1710.

LENARDIC, A. & KAULA, W.M., 1996, Near surface thermal/chemical boundary layer convection at infinite Prandtl number : two-dimensional numerical experiments, *Geophys. J. Int.*, **126**, pp689–711.

LITHGOW-BERTELLONI, M.A. RICHARDS, Y. RICARD, R.J. O'CONNELL & D.C. ENGEBRETSON, 1993, Toroidal-Poloidal partitioning of plate motions since 120 Ma, *Geophys. Res. Lett.*, **20**, pp375–378.

MORESI, L. AND V. SOLOMATOV, 1998, Mantle convection with a brittle lithosphere : Thoughts on the global tectonic style of the Earth and Venus, *Geophys. J.*, **133**, pp669–682.

NI, J. & BECKERMAN, C., 1991, A volume-averaged two-phase model for transport phenomena during solidification, *Metall. Trans. B*, **22**, pp349–361.

OGAWA, M., SCHUBERT, G. & ZEBIB, A., 1991, Numerical simulation of three-dimensional thermal convection in a fluid strongly temperature-dependent viscosity, *J. FLuid. Mech.* **233**, pp299–328.

RICARD, Y. & FROIDEVAUX, C., 1984, Stretching instabilities and lithospheric boudinage, *J. Geophys. Res.*, **91**, pp8314–8324.

RIBE, N.M., 1992, The dynamics of thin shells with with variable viscosity and the origin of toroidal flow in the mantle, *Geophys. J. Int.*, **110**, pp537–552.

RICARD, Y., BERCOVICI, D. & SCHUBERT, G., 2001a, A two-phase model for compaction and damage, Part 2 : applications to compaction, deformation, and the role of interfacial surface tension. *J. Geophys. Res.*, **106**, pp8907-8924.

RICARD, Y., LEMERY, C. & BERCOVICI, D., 2001b, The void-matrix variation of a two-phase damage theory. Submitted to *J. Geophys. Res.*.

SCHUBERT, G. & TURCOTTE, D.L., 1972, One-dimensional model of shallow mantle convection, *J. Geophys. Res.*, **77**, pp945–951.

TACKLEY, P., 1998, Self-consistent generation of tectonic plates in three-dimensional mantle convection, *Earth. Planet. Sci. Lett.*, **157**, pp9–22.

TACKLEY, P., 2000, The quest for self-consistent generation of plate tectonics in mantle convection models, In *The history and dynamics of Global Plate motion*(Ed. M.A. Richards, R. Gordon & R. Van des Hilst). AGU, Geophysical Monograph **21**.

TOZER, 1985, Heat transfert and planetary evolution, *Geophys. Surv.*, **7**, pp213–246.

WATTS, A.B., KARNER, G.D. & STECKLER, M.S., 1982, Lithospheric flexure and the evolution of sedimentary basins. In *The evolution of sedimentary basins*, P. Kent, M.H.P. Bott, D.P. McKenzie and C.A. Williams (eds.), Phil. Trans. Roy. Soc. Lon., **A305**, pp249–281.

WHITEHEAD, J.A. & GANS, R.F., 1974, A new theorically tractable earthquake model, *Geophys. J.R. Astron. Soc.*, **39**, pp11–28.

Conclusion

Le problème du refroidissement terrestre tel qu'il a été abordé dans le premier chapitre offre une révision des différents paramètres entrant en jeu dans cette problématique. Bien que nous n'ayons pas pu fournir de modèles exhaustifs permettant de répondre aux différentes contraintes, les pistes qui ont été explorées remettent en cause l'hypothèse communément admise d'une terre qui se refroidit continuement depuis la fin de sa génèse. Le modèle proposé semble cohérent avec d'autres systèmes convectifs observables dans le système solaire (en particulier sur Io) et l'analyse de l'efficacité de ce type de convection montre qu'il n'est pas absurde de considérer que la terre a évacué très rapidement la chaleur en excès liée à sa formation. Le passage d'un tel mode de convection à celui observé actuellement reste à explorer.

L'un des aspects du refroidissement terrestre englobe le processus convectif terrestre. Dans la première partie du deuxième chapitre, nous avons vu succintement les grandes victoires de la description du refroidissement mantellique en terme de système convectif. Pourtant, nombreux sont les points restant à élucider. En particulier la structure des écoulements qui bien que phénoménologiquement comprise n'a pas encore trouvé de modèles permettant d'en rendre compte de manière extensive. De nombreux espoirs sont portés sur les modèles d'écoulement bi-phasiques tels qu'ils ont été décrits dans le troisième chapitre.

Ces modèles semblent contenir tous les ingrédients nécessaires à une description extensive du processus convectif terrestre. Cependant, leur complexité ralentit considérablement l'avancée de la compréhension. Pour l'instant, seul des modèles unidimensionnels ont été développés, or la description en terme de champs poloïdaux et toroïdaux requiert une description tri-dimensionnelle. Les efforts sont donc portés à l'heure actuelle sur un accroissement de la dimenionnalité de cette description.

Le modèle décrit dans le deuxième chapitre fournit un outil très pratique pour l'étude des systèmes convectifs tri-dimensionnels. En effet, en réduisant la dimensionnalité de la description il fournit un excellent moyen d'explorer, à moindre coût numérique, les ingrédients entrant en jeu dans la convection mantellique. Afin d'être parfaitement opérationnel, il serait, néanmoins, nécessaire de modifier ce système afin d'y inclure les possibilités de variations latérales de viscosité. Bien que des efforts aient été menés en ce sens, ils n'ont pour l'instant pas aboutis à une description satisfaisante. Le développement de cet aspect permettra de fournir une base pour l'exploration des effets liés à l'ingestion de fluide sur la dynamique globale des écoulements. En combinant les deux approches esquissées dans la seconde et la troisième partie, nous pouvons espérer proposer un modèle auto-cohérent permettant de rendre compte de la dynamique convective terrestre.

Annexe A

L'instabilité de Rayleigh-Taylor

La méthode présentée dans le chapitre 2 est très générale et permet également une description de l'instabilité de Rayleigh-Taylor.

A.1 Généralités de la modélisation

Dans l'article du chapitre 2, la façon dont a été dérivée l'équation reliant les contraintes du milieu supérieur sur le milieu inférieur aux hétérogénéités de densités du milieu supérieur est suffisamment générale pour englober une grande classe de phénomènes. En effet, hormis l'hypothèse que les hétérogénéités de densité sont d'origine thermique, aucune hypothèse n'a été faite contraignant cette modélisation à la convection. D'une manière générale, cette description permet une étude de l'instabilité de Rayleigh-Taylor. Envisageons deux milieux hétérogènes en densité et viscosité. Nous supposerons que le milieu supérieur est suffisamment visqueux pour que nous puissions faire l'approximation que les vitesses sont uniformes dans ce dernier. Dans une telle configuration, le traitement de la couche supérieure peut se faire de la même manière que nous l'avons fait précédemment. La seule différence réside dans l'expression du moment. Dans le cas où les hétérogénéités sont d'ordre chimique, nous écrivons

$$M = -\int_0^{+\infty} \delta\rho z\, dz. \tag{A.1}$$

où $\delta\rho = \rho_0 - \rho$, défini de sorte à s'annuler lorsque z tend vers l'infini. La relation liant les vitesses aux hétérogénéités de densité est donc inchangée dans sa forme bien que le moment entrant en jeu soit légèrement différent

$$\hat{\boldsymbol{v}}_H(\boldsymbol{k}) = \frac{i\boldsymbol{k}}{2k}\frac{1}{1+2\sigma k}\frac{g}{\eta_0}\hat{M}(\boldsymbol{k}). \tag{A.2}$$

Afin d'obtenir une description dynamique du processus entrant en jeu, il est nécessaire d'écrire une relation de conservation pour le moment M. Cette quantité mesure les hétérogénéités de densité, sa relation de conservation est donc nécessairement issue de la conservation de la masse.

L'expression de la conservation de la masse étant identique dans la forme à l'expression de la conservation de la chaleur, la diffusion en moins, il est aisé d'obtenir la relation de conservation du moment M. En suivant le même raisonnement que dans la section 2 de l'article Lemery *et al.* (2000), on peut montrer que

$$\frac{\partial M}{\partial t} + (\boldsymbol{v}_H.\boldsymbol{\nabla})M + 2M\boldsymbol{\nabla}_H.\boldsymbol{v}_H = 0. \tag{A.3}$$

Une étude en terme de stabilité marginale d'un tel système n'est pas fondamentalement différente de celle qui a été faite précédemment. Les longueurs sont adimensionnées par l'épaisseur L de la couche dense supérieure, les longueurs par $\eta_0/\delta\rho g L$ et le moment par $\delta\rho L^2$. Envisageons une perturbation $m(k,t)\cos(kt)$ à un état $M0(t)$. Dans les conditions de l'instabilité de Rayleigh-Taylor, l'état M_0 est indépendant du temps et la perturbation varie simplement selon

$$\frac{\partial m}{\partial t} = \frac{kM_0}{1+2\sigma k}. \tag{A.4}$$

Ceci signifie que toutes les longueurs sont instables dans la mesure où M_0 est négatif. Cela peut paraître en contradiction avec les résultats traditionnels obtenus proches de l'instabilité (Ribe,1998 ; Neil & Houseman 1999). La raison profonde de cet écart est notre approximation de grande longueur d'onde. En négligeant les grands nombres d'onde k nous avons négligé les effets de dissipation visqueuse qui deviennent prédominant sur les petites longueurs d'onde. Dans le cadre des phénomènes convectifs, la situation est différente et certaines longueurs d'onde sont sélectionnées par l'équilibre entre l'instabilité gravitationnelle et la dissipation thermique.

A.2 Modélisation en couche mince et résolution traditionnelle

Afin de faire le lien entre le modèle proposé et les méthodes plus traditionnelles, et ainsi, bien estimer les approximations qui ont été menées, nous nous proposons de décrire un modèle simple d'instabilité de Rayleigh-Taylor. Considérons un modèle bi-dimensionnel de deux couches visqueuses séparées par une interface, située en $z = L + \zeta(t)$ où ζ est la perturbation de l'interface par rapport à l'horizontale. Dans les deux milieux, la vitesse se déduit de l'équation de stokes (29), et de l'équation de conservation de la masse,

$$\nabla P = \eta \Delta \mathbf{v},$$

$$\nabla \cdot \mathbf{v} = 0.$$

Tout comme précédemment, nous envisageons une dépendance harmonique dans le plan horizontal. La composante verticale de la vitesse vérifie l'équation bi-harmonique $(\partial_{x^2} + \partial_{z^2}^2)^2 v_z = 0$, dont les solutions sont de la forme,

$$v_z = (a + bkz)\exp(kz) + (c + dkz)\exp(-kz).$$

Toutes les équations qui suivent sont écrites dans l'espace de Fourier. La composante horizontale de la vitesse se déduit grâce à la conservation de la masse, $v_x = -1/(ik)\partial_z v_z$,

$$v_x = (-a - b - bkz - d\exp(-2kz) + c\exp(-2kz) + dkz\exp(-2kz))\exp(kz).$$

La contrainte tangentielle s'écrit $\tau_{xz} = \eta_l(\partial_z v_x + \partial_x v_z)$,

$$\tau_{xz} = -2\eta_l k(b - d\exp(-2kz) + c\exp(-2kz) + dkz\exp(-2kz) + a + bkz)\exp(kz).$$

Modélisation en couche mince et résolution traditionnelle

Pour calculer la contrainte verticale, il est nécessaire de connaître la pression non hydrostatique. Celle-ci équilibre les contraintes visqueuses, $-ikP + \eta\left(-k^2\hat{v}_x + \partial_{z^2}\hat{v}_z\right) = 0$, ce qui amène,

$$P = 2\eta_l k \exp(-kz)(d + b\exp(2kz)).$$

L'expression de la contrainte verticale $\tau_{zz} = -P + 2\eta_l \partial_z \partial z$ permet d'écrire

$$\tau_{zz} = -2\eta_l k \exp(kz)(-a - bkz + c\exp(-2kz) + dkz\exp(-2kz)).$$

Les conditions aux limites en $z = 0$ sont celles d'une surface libre, à l'interface, les vitesses sont continues, et les contraintes verticales subissent un saut lié à la différence de densité entre les deux milieux, et les vitesses sont nulles à l'infini :

$$\text{en } z = 0 \begin{cases} v_z = 0, \\ \tau_{xz} = 0. \end{cases}$$

$$\text{en } z = L + \zeta(t), \text{ c'est à dire à l'interface}, \begin{cases} v_z^{haut} = v_z^{bas}, \\ v_x^{haut} = v_x^{bas}, \\ \tau_{xz}^{haut} = \tau_{xz}^{bas}, \\ \tau_{zz}^{haut} = \tau_{zz}^{bas} - \delta\rho\zeta g. \end{cases}$$

où $\delta\rho = \rho_1 - \rho_2$. Ces conditions permettent d'écrire les vitesses dans chaque milieu. L'expression exacte et formelle de ces solutions présentent peu d'intérêt dans notre problématique. Néanmoins le lien entre la vitesse horizontale vue par le milieu inférieur en $z = 0$ et la perturbation de l'interface ζ permet de mieux saisir le sens de la relation de fermeture (A.2). Une fois les conditions aux limites résolues, nous pouvons écrire la vitesse horizontale fictive dans le milieu inférieur à la surface,

$$v_x^b(z=0) = -\frac{1}{2}i\delta\rho g\zeta Le^{(kL)}\frac{\eta_1 + 2kL(\eta_1 - \eta_2) + \eta_1\operatorname{ch}(2kL) + \eta_2\operatorname{sh}(2kL)}{2kL(\eta_1^2 - \eta_2^2) + 2\eta_1\eta_2\operatorname{ch}(2kL) + (\eta_1^2 + \eta_2^2)\operatorname{sh}(2kL)} \quad (A.5)$$

Afin de comparer ce résultat avec celui qui a été dérivé précédemment, nous allons introduire le moment $M = -\int_0^{+\infty}\delta\rho z\,dz \sim -\delta\rho(L^2/2 + \zeta L + \zeta^2$. En négligeant les perturbation de second ordre de l'interface, on peut écrire dans l'espace de fourrier, $M \sim -\delta\rho\zeta L$, et la vitesse horizontale s'écrit

$$v_x^b(z=0) = \frac{1}{2}igMe^{(kL)}\frac{\eta_1 + 2kL(\eta_1 - \eta_2) + \eta_1\operatorname{ch}(2kL) + \eta_2\operatorname{sh}(2kL)}{2kL(\eta_1^2 - \eta_2^2) + 2\eta_1\eta_2\operatorname{ch}(2kL) + (\eta_1^2 + \eta_2^2)\operatorname{sh}(2kL)}. \quad (A.6)$$

Cette relation fournit une condition aux limites en zéro pour le milieu inférieur. L'épaisseur L de la couche supérieure est infiniment petite devant l'extension infinie du milieu inférieur. Un développement limité de cette expression en fonction de L, permet de retrouver l'expression de la relation de fermeture (A.2),

$$v_x^b(z=0) \sim \frac{1}{2}igM(1 - \frac{\eta_1 - \eta_2}{\eta_2}kL + O(L^3)) \sim \frac{i}{2}\frac{1}{1+2\sigma k}\frac{g}{\eta_2}M, \quad (A.7)$$

où $\sigma = (\eta_1 - \eta_2)/\eta_2 L$. Remarquons qu'un développement limité de la vitesse en fonction du nombre d'onde k aurait donné le même résultat. La relation de fermeture proposée est donc une approximation à grande longueur d'onde de la relation entre la vitesse horizontale perçue par le milieu inférieur et le moment d'ordre 1 des hétérogénéités de densité.

L'instabilité de Rayleigh-Taylor

L'étude formelle de l'instabilité de Rayleigh-Taylor dans le cadre de cette approximation a peu d'intérêt. En effet, la dynamique est pauvre, toutes les longueurs d'onde ayant tendance à se déstabiliser, la couche mince lourde qui surplombe le milieu léger inférieur plonge sans sélectionner de longueurs particulières. Cependant l'instabilité de Rayleigh-Taylor, ou plutôt, l'effet stabilisateur d'un fluide léger sur un fluide dense peut être incorporé dans la description de la convection sur un demi-espace infini afin d'évaluer les effets stabilisateurs de la croûte continentale sur la convection mantellique. C'est ce qui est proposé dans la section 2.6

Références

NEIL, E.A. & HOUSEMAN, G.A. 1999, Rayleigh-Taylor instability of the upper mantle and its role in intraplate orogeny, *Geophys. J. Int.* **138**, pp89–107.

RIBE, N.M. 1998, Spouting and planform selectoin in the Rayleigh-Taylor instability of miscible viscous fluids, *J.Fluid.Mech.* **377**, pp27–45.

Annexe B

Lien avec les méthodes de plaques minces visqueuses

La méthode développée ici n'est pas fondamentalement différente de celle qui a été utilisée par de nombreux auteurs pour la description de la dynamique de la lithosphère (England & McKenzie, 1982 ; Husson & Ricard, 2001). Afin de bien mettre en évidence les hypothèses nécessaires à l'établissement des deux formalismes, et de faire le lien entre les deux méthodes, nous allons revoir sommairement les grandes lignes de cette méthode en deux dimensions.

B.1 La dynamique de la lithosphère comme une plaque mince visqueuse

La lithosphère sera considérée comme une région d'hétérogénéité de densité et de viscosité. L'axe de la coordonnée verticale z est dirigée dans la direction de la gravité, soit vers le bas. Du fait de l'isostasie, la surface est surélevée à une altitude $-h$, nous définissons une profondeur L, au-delà des hétérogénéités de densité et de viscosité, à partir de cette profondeur, la densité est égale à ρ_0 et la viscosité, à η_0. L'intégration entre $-h$ et z de l'équilibre vertical du moment selon z, en se mettant à grande longueur d'onde de sorte que l'on puisse négliger la dérivée horizontale des contraintes devant la dérivée verticale de la contrainte verticale, s'écrit

$$\tau_{zz}(z) = \int_{-h}^{z} \rho g \, dz. \tag{B.1}$$

En retranchant la dérivée verticale des contraintes verticales à l'équilibre horizontale, de sorte à éliminer les termes de pression, et en intégrant cette relation entre $-h$ et L, on obtient

$$\int_{-h}^{L} \partial_x (\tau_{xx} - \tau_{zz}) \, dz + \tau_{xz}(L) - \tau_{xz}(-h) = -\int_{-h}^{L} \partial_x \int_{-h}^{z} \rho g \, dz. \tag{B.2}$$

La surface supérieure est une surface libre, et nous considérons un fluide Newtonien, tel que $\tau_{xx} - \tau_{zz} = 4\eta \partial_x v_x$. Considérant que les variations de cette quantité selon x sont suffisamment petites entre 0 et $-h$ pour assimiler l'intégrale entre $-h$ et L comme étant l'intégrale entre 0 et L, on peut écrire

$$4\partial_x \int_0^L \eta \partial_x v_x \, dz + \tau_{xz}(L) = -\int_{-h}^L \partial_x \int_{-h}^z \rho g \, dz. \quad (B.3)$$

Cette relation est la clé de la compréhension de la modélisation de la lithosphère comme une couche limite. Elle relie la contrainte imposée par le manteau sous la lithosphère à sa vitesse et à son épaisseur. En considérant que la vitesse de la lithosphère est uniforme, et que la viscosité du manteau (le milieu inférieur) est nulle, on peut reformuler le premier terme comme étant $4L\partial_x \eta \partial_x v_x^L$. D'autre part, considérons que la densité de la lithosphère est uniforme et égale à ρ_c, notons S son épaisseur ($S < L$ mais du même ordre de grandeur). En appliquant le principe d'isostasie, on montre que $h = (1 - \rho_c/\rho_0)S$. Dans ces conditions, on montre facilement que $-\int_{-h}^L \partial_x \int_{-h}^z \rho g \, dz = g\rho_c(1 - \rho_c/\rho_0)SS'$ où S' est la dérivée de S selon x. Ainsi, la relation reliant la contrainte sous la lithosphère aux variations horizontales de sa vitesse et à son épaisseur s'écrit

$$4\partial_x \eta \partial_x v_x + \tau_{xz}(L) = -g\rho_c \frac{1-\rho_c}{\rho_0} SS'. \quad (B.4)$$

Afin de clore le système, il est nécessaire d'utiliser une relation d'évolution de l'épaisseur de la lithosphère. Cette relation est identique à l'équation (A.3). Dans ce type de modélisation la dynamique de la lithosphère est décrite en prenant la dynamique du milieu sous-jacent comme une donnée, le manteau est considéré comme passif.

B.2 lien avec le modèle de description de la convection

La relation (B.2) est similaire à la relation de fermeture dérivée dans l'article Lemery *et al.* (2000). En effet,

$$\int_{-h}^L \partial_x \int_{-h}^z \rho g \, dz = \int_0^L \partial_x \int_{-h}^z \rho g \, dz + \int_{-h}^0 \partial_x \int_{-h}^z \rho g \, dz \quad (B.5)$$

la deuxième intégrale est de l'ordre de h^2 qui est un infiniment petit d'ordre 1 devant L^2, ce qui nous permet de négliger cette intégrale. Il vient par intégration par partie,

$$\int_{-h}^L \partial_x \int_{-h}^z \rho g \, dz = \partial_x (L \int_{-h}^L \rho g \, dz) + \partial_x \int_0^L \rho g z \, dz. \quad (B.6)$$

En utilisant l'expression (B.1), la relation (B.2) devient

$$\int_{-h}^L \partial_x (\tau_{xx} - \tau_{zz}) \, dz + \tau_{xz}(L) - \tau_{xz}(-h) + \partial_x(L\tau_{zz}) = -g\partial_x M. \quad (B.7)$$

ce qui est équivalent à l'équation (19), où $M = \int_0^L \rho z \, dz$.

Ainsi, notre modélisation est équivalente dans la forme au formalisme décrit dans les modèles de couches fines visqueuses. L'esprit en est différent. La relation (B.2) permet d'obtenir une carte des vitesses de la lithosphère, les hétérogénéités de densité et la contrainte imposée par le manteau étant donnée tandis que la relation (B.7) fournit une condition aux limites pour la dynamique du manteau.

Références

ARTYUSHKOV, E.V., 1973. Stresses in the lithosphere caused by crustal thickness inhomogeneities, *J. Geophys. Res.*, **78**, pp7675–7708.

ENGLAND, P.C. & MCKENZIE, D.P., 1982. A thin viscous model sheet model for continental deformation. *Geophys. J. R. Astron. Soc.* **70**, 295–322.

ENGLAND, P. & MCKENZIE, D., 1983. Correction to : A thin viscous sheet model for continental deformation, *Geophys. J. R.A.S.*, **73**, pp523–532.

HOUSEMAN, G. & ENGLAND, P., 1993. Crustal thickening versus lateral expulsion in the Indian-Asian continental collision, *J.Geophys.Res.*, **98**, pp12,233–12,249.

HUSSON, L. & RICARD, Y. 2001. Stress balance above subduction : application to the Andes. Submitted to *Geophys. J. Int.*

WDOWINSKI, S., O'CONNELL, R.J. & ENGLAND, P., 1989. A continuum model of continental deformation above subduction zones : Application to the Andes and the Aegean, *J. Geophys. Res.*, **94**, pp10,331–10,346.

Oui, je veux morebooks!

I want morebooks!

Buy your books fast and straightforward online - at one of the world's fastest growing online book stores! Environmentally sound due to Print-on-Demand technologies.

Buy your books online at

www.get-morebooks.com

Achetez vos livres en ligne, vite et bien, sur l'une des librairies en ligne les plus performantes au monde!
En protégeant nos ressources et notre environnement grâce à l'impression à la demande.

La librairie en ligne pour acheter plus vite

www.morebooks.fr

OmniScriptum Marketing DEU GmbH
Heinrich-Böcking-Str. 6-8
D - 66121 Saarbrücken

Telefax: +49 681 93 81 567-9

info@omniscriptum.de
www.omniscriptum.de

Printed by Books on Demand GmbH, Norderstedt / Germany